微分積分学

松山善男 著

学術図書出版社

まえがき

　この本は主として，理工系の大学初等年次向けの微分積分学について書き下ろしたものである．昨今の理工系離れは日本の将来を考えると憂うべきことと感じています．また，2006 年問題は色々な大学で多くのついていけない学生を生み，学習支援室の設置を強いています．それらをも考慮して，集合や微分積分学特有の理論などの理論的なものに対して導入部分を設けできるだけわかりやすく懇切丁寧に書いたつもりである．少しでも上級年次における専門の学習に役に立てば幸いである．

　最後に，本書の執筆にあたって，学術図書出版社編集部，特に高橋秀治氏に終始お世話になったことを記し，心から感謝の意を表したい．

　　2008 年 3 月

著　者

目　　次

第 1 章　実数の集合　　1
　1.1　実数　……………………………………………………………　1
　1.2　実数の集合　……………………………………………………　2
　1.3　数列　……………………………………………………………　5

第 2 章　関数　　11
　2.1　関数　……………………………………………………………　11
　2.2　関数の極限　……………………………………………………　12
　2.3　連続関数　………………………………………………………　15
　2.4　多変数の関数　…………………………………………………　26

第 3 章　1 変数の微分法　　31
　3.1　導関数　…………………………………………………………　31
　3.2　高次導関数　……………………………………………………　35
　3.3　e^{ix}　…………………………………………………………　38

第 4 章　偏微分法　　41
　4.1　偏導関数，高階偏導関数　……………………………………　41
　4.2　合成関数の微分法　……………………………………………　45
　4.3　陰関数　…………………………………………………………　52
　4.4　全微分　…………………………………………………………　55
　4.5　関数の展開　……………………………………………………　57
　4.6　極値　……………………………………………………………　58
　4.7　曲線と曲面　……………………………………………………　66

第 5 章　1 変数の微分法の応用　　73
　5.1　微分　……………………………………………………………　73

5.2	平均値の定理	75
5.3	関数の増減	80
5.4	テイラーの定理	83
5.5	関数の展開	88
5.6	無限小および無限大の位数	95

第6章 1変数の不定積分と定積分　100

6.1	不定積分	100
6.2	漸化式と有理関数の積分	103
6.3	いろいろな積分	108
6.4	1階の微分方程式	112
6.5	2階の線形微分方程式	114
6.6	定積分の定義	118
6.7	定積分の性質	122
6.8	定積分の計算と定義の拡張	126
6.9	定積分の近似値	131
6.10	図形の計量	134

第7章 重積分　141

7.1	重積分	141
7.2	重積分の計算	146
7.3	変数の変換	153
7.4	面積および体積	163
7.5	1次微分式と積分	171

第8章 無限級数　179

8.1	無限級数の収束	179
8.2	絶対収束と条件収束	186
8.3	無限級数の和と積	191
8.4	関数列の極限	193
8.5	整級数	198

解答　208

実数の集合

1.1 実数

数列や関数の極限，関数の連続性については高等学校である程度基本的な事項を学んでいるが，これから学ぶ微分積分学において，基本となるのが極限の概念である．ところが極限を扱うのには，数の範囲を整数や有理数でなく，実数や複素数にしておかないと，都合の悪いことが多い．

数の中で最も基本となるのは自然数である．自然数の範囲では加法，乗法は自由に行われるが，減法，除法はそうはいかない．そこで，有理数全体にして考えることになる（もちろん 0 で割ることは考えていない）．ところが，有理数の範囲でも極限は自由に考えることはできない．たとえば，$\sqrt{3} = 1.73205\cdots$ であるから，有理数を項にもつ数列

$$1, \quad 1.7, \quad 1.73, \quad 1.732, \quad 1.7320, \cdots$$

の極限は有理数でなくて無理数である．そこで，われわれは有理数はよく知っているものとして，実数の性質を少し詳しく考えてみよう．

1.1.1 実数の定義

有理数は整数または分数であるが，分数はすべて，

$$\frac{5}{16} = 0.3125, \quad \frac{2}{7} = 0.\dot{2}8571\dot{4}$$

のように，有限小数または循環小数で表される（逆も正しい）ことがわかっている．ただし，

$$0.9999\cdots, \quad 1.39999\cdots$$

のように 9 が無限に続くものは，それぞれ 1, 1.4 のような有限小数の別の表し方にすぎない．そこで，

小数部分が循環しない無限小数で表される数

を考えて，これを無理数という．たとえば，

$$0.101000100000100000010\cdots$$

で表される数は無理数である．有理数と無理数とを合わせたものを実数という．実数の加減乗除や大小は，この無限小数による表し方から考えられる．

実数の定義から次のことがわかる．これを実数の稠密性という．

定理 1.1.1 異なる 2 つの実数の間には，有理数も無理数も存在する．

たとえば，

$$a = 3.435672\cdots, \quad b = 3.438701\cdots$$

という 2 つの実数を考えると，ある桁から先では数字が違っているからその間に，3.436 という有理数や，

$$3.4360100010000010\cdots$$

のような無理数が存在する．そして，これは，a, b がどんな実数であっても同様にいえる．

実数全体は，普通の方法で直線上の点の全体と順序を保って 1 対 1 の対応をさせることができる．これが数直線である．

1.2　実数の集合

数列が収束することを判定するのに有力な定理を示すために，実数の集合についていくつかの用語を定義しておこう．実数のある集合 S（空集合ではないとする）について，S の任意の元 x に対し $x \leqq M$ であるような実数 M が存在するとき，S は**上に有界**であるといい，M を S の**上界**という．

また，S の任意の元 x に対して $L \leqq x$ であるような実数 L が存在するとき，S は**下に有界**であるといい，L を S の**下界**という．上にも，下にも有界のとき，その集合は**有界**であるという．

たとえば，
$$M = \{x \mid x > 2\} \text{ は下に有界}$$
$$M = \{x \mid x \leqq \sqrt{3}\} \text{ は上に有界}$$
$$M = \{x \mid -2 < x < 1\} \text{ は有界}$$
である．

集合 S が上に有界のとき，M を上界とすれば，M より大きい実数はすべて上界となるから，S の上界は無数にある．同様に，S が下に有界ならば下界は無数にある．

実数の集合 S の上界のうちで最小のものがある場合，その最小の上界を S の **上限** といい，$\sup S$ で表す．S の下界のうちで最大のものがある場合，その最大の下界を S の **下限** といい，$\inf S$ で表す．

> **例 1.2.1** $A = \{x \mid 2 \leqq x < 3\}, B = \left\{\dfrac{1}{n} \mid n \text{ は自然数}\right\}$ とおく．このとき，$\sup A = 3, \inf A = 2, \sup B = 1, \inf B = 0$ である．

α が集合 S の上限であるための必要十分条件は，次の (1), (2) の成り立つことである．

(1) S の任意の数 x に対し，$x \leqq \alpha$

(2) 任意の正数 ε に対し，$x > \alpha - \varepsilon$

となる S の元 x が存在する．

注意 たとえば，$\varepsilon = 0.1$ とすれば $\alpha - 0.1$ より大きい数，$\varepsilon = 0.01$ とすれば $\alpha - 0.01$ より大きい数が S の中にあるというのである．

注意 S に最大数があれば，これが上限である．この場合は (2) で x を α 自身にとればよいからである．

下限については，不等式の向きを逆にすればよい．

> **定理 1.2.1** 上に有界な集合には上限がある．
> 下に有界な集合には下限がある．

証明 まず，下に有界な集合 S に下限のあることを示そう．

はじめに，S のどの数よりも小さい整数の全体を考え，その中で最も大きいものをとる．これを仮に 1 としよう．次に，

$$1.0, \quad 1.1, \quad 1.2, \quad \cdots, \quad 1.9 \tag{1.1}$$

の中で S のどの数よりも小さいものを考え，その中で最も大きいものをとる．これを仮に 1.5 としよう．次に，

$$1.50, \quad 1.51, \quad 1.52, \quad \cdots, 1.59 \tag{1.2}$$

の中で S のどの数よりも小さいものを考え，その中で最大のものをとる．これを仮に 1.53 としよう．このようにして順に，

$$1, \quad 1.5, \quad 1.53, \quad 1.532, \quad \cdots \tag{1.3}$$

が作られたとすると，無限小数

$$\beta = 1.532\cdots$$

が定まる．この β が S の下限であることは，次のようにしてわかる．

いま，$x < \beta$ となる S の数 x があったとすれば，これは (1.3) のどれかよりは小さいわけで，仮に $x < 1.53$ とすれば，(1.2) から 1.53 をとった方法に反することになる．ゆえに，

$$S \text{ の任意の数 } x \text{ に対し}, x \geqq \beta. \tag{1.4}$$

また，任意の正数 ε に対して，$\beta + \varepsilon$ は (1.3) のどれかの数より大きい．仮に，$\beta + \varepsilon = 1.533\cdots$ とし，S のすべての数 x について $x > \beta + \varepsilon$ とすれば，これは 1.532 の作り方に反する．ゆえに，

$$\text{任意の正数 } \varepsilon \text{ に対し}, x \leqq \beta + \varepsilon \text{ となる } S \text{ の数 } x \text{ が存在する}. \tag{1.5}$$

(1.4), (1.5) によって，β が S の下限であることがわかった．

次に，$S = \{x\}$ が上に有界のときは，その各数の符号を反対にしてできる集合 $S' = \{-x\}$ は下に有界で，上で証明したことから下限がある．これを $-\alpha$ とすれば，α は S の上限になっている．

問 1.1 集合 $A = \{x \mid -1 < x \leqq 1\}$ の上限，下限をいえ．

1.3 数列

数列 $a_1, a_2, a_3, \cdots, a_n, \cdots$ を $\{a_n\}$ と書く．数列 $\{a_n\}$ において，n が限りなく大きくなるとき，a_n が一定の値 α に限りなく近づくならば，$\{a_n\}$ は α に収束するといい，α を数列 $\{a_n\}$ の極限値という．このとき，

$$\lim_{n\to\infty} a_n = \alpha \text{ または } n \to \infty \text{ のとき } a_n \to \alpha$$

と書く．

さて，'限りなく' とか '近づく' という表現だけではなかなか理解しがたい．そこで，数列の極限を次のように考え直すことにする．a_n が限りなく α に近づくということは $|a_n - \alpha|$ が限りなく 0 に近づくことであり，どんなに小さな正の数に対しても，たとえば 0.01 に対しても，n が大きくなれば必ず $|a_n - \alpha| < 0.01$ となることを意味する．以上より，次のように定義する．

任意の正数 ε に対して，ある正数 N が存在して，

$n > N$ であるすべての n に対して，$|a_n - \alpha| < \varepsilon$ となる

ときに，数列 $\{a_n\}$ は α に収束するといい，これを

$$\lim_{n\to\infty} a_n = \alpha$$

と書く．

例 1.3.1 $a_n = \dfrac{3n-2}{5n}$ のとき $\displaystyle\lim_{n\to\infty} a_n = \dfrac{3}{5}$ であることは，次のように示される．

$$a_n - \frac{3}{5} = -\frac{2}{5n}$$

であるから，$\left|a_n - \dfrac{3}{5}\right| = \dfrac{2}{5n} < \varepsilon$ とするのには，$n > \dfrac{2}{5\varepsilon}$ とすればよい．

すなわち，任意の $\varepsilon > 0$ に対し，$N = \dfrac{2}{5\varepsilon}$ とおけば，

$n > N$ であるすべての自然数 n に対し，$\left|a_n - \dfrac{3}{5}\right| < \varepsilon$

数列の極限について次の定理が成り立つ.

定理 1.3.1 $n \to \infty$ のとき, $a_n \to \alpha, b_n \to \beta$ ならば,
$$a_n + b_n \to \alpha + \beta, \quad a_n b_n \to \alpha\beta, \quad \frac{b_n}{a_n} \to \frac{\beta}{\alpha}(\alpha \neq 0 \text{ とする}).$$

$a_n + b_n \to \alpha + \beta$ の証明 ε を与えられた正の数とし, $\varepsilon_1 = \dfrac{\varepsilon}{2}$ とおく. 数列 $\{a_n\}$ は収束するから, この ε_1 に対して N_1 が存在して
$$n > N_1 \text{ ならば } |a_n - \alpha| < \varepsilon_1.$$
$\{b_n\}$ も収束するから, ε_1 に対して N_2 が存在して
$$n > N_2 \text{ ならば } |b_n - \beta| < \varepsilon_1,$$
$$N = \max(N_1, N_2) \quad (N_1, N_2 \text{ の小さくない方})$$
とすれば, $n > N$ ならば
$$|(a_n + b_n) - (\alpha + \beta)| \leqq |a_n - \alpha| + |b_n - \beta| < \varepsilon_1 + \varepsilon_1 = \varepsilon$$
によって, $\{a_n + b_n\}$ は収束して極限値は $\alpha + \beta$ である.

$a_n b_n \to \alpha\beta$ の証明
$$|a_n b_n - \alpha\beta| = |(a_n - \alpha)\beta + (b_n - \beta)\alpha + (a_n - \alpha)(b_n - \beta)|$$
$$\leqq |a_n - \alpha||\beta| + |b_n - \beta||\alpha| + |a_n - \alpha||b_n - \beta|$$
に注意しておく. ε を与えられた正の数とし, 正の数 ε_1 を
$$\varepsilon_1 < \frac{\varepsilon}{|\alpha| + |\beta| + 1}, \quad \varepsilon_1 < 1$$
となるようにとる. この ε_1 に対して上におけるのと同様に N が存在して
$$n > N \text{ ならば } |a_n - \alpha| < \varepsilon_1, |b_n - \beta| < \varepsilon_1.$$
よって, $n > N$ ならば
$$|a_n b_n - \alpha\beta| < \varepsilon_1(|\beta| + |\alpha| + \varepsilon_1) < \varepsilon_1(|\alpha| + |\beta| + 1) < \varepsilon.$$

$\dfrac{b_n}{a_n} \to \dfrac{\beta}{\alpha}$ については上にならって証明できるが, やや複雑になるので省略する.

問 1.2 $\dfrac{b_n}{a_n} \to \dfrac{\beta}{\alpha}$ $(\alpha \neq 0)$ を証明せよ.

問 1.3 数列 $\{a_n\}, \{b_n\}, \{c_n\}$ について $a_n \leq b_n \leq c_n$ で $\lim\limits_{n\to\infty} a_n = \lim\limits_{n\to\infty} c_n = \alpha$ ならば $\lim\limits_{n\to\infty} b_n = \alpha$ であることを示せ.

極限値が簡単に求められないような数列では，収束するかどうかの判定も必ずしも容易ではない．このことを考えてみよう．

まず，数列 $\{a_n\}$ が実数の集合とみて上に有界，下に有界のとき，これらの数列についても，それぞれに上に有界，下に有界という．また，

$$a_1 \leq a_2 \leq a_3 \leq \cdots \leq a_n \leq a_{n+1} \leq \cdots$$

のとき，$\{a_n\}$ を (広い意味での) **増加数列**といい，

$$a_1 \geq a_2 \geq a_3 \geq \cdots \geq a_n \geq a_{n+1} \geq \cdots$$

のとき**減少数列**という．そうすると，定理 1.2.1 によって次のことがわかる．

定理 1.3.2 上に有界な増加数列は収束する．
下に有界な減少数列は収束する．

証明 $\{a_n\}$ が上に有界な増加数列とすると，これには上限がある．これを α とすれば，上限の定義によって，

すべての n について， $a_n \leq \alpha$,

任意の正数 ε に対し, $a_N > \alpha - \varepsilon$ となる a_N が存在する.

ところが $\{a_n\}$ は増加数列であるから，

$n > N$ である任意の n に対し, $a_n \geq a_N > \alpha - \varepsilon$

となり, 結局,

$$-\varepsilon < a_n - \alpha \leq 0.$$

すなわち,

$$|a_n - \alpha| < \varepsilon.$$

下に有界な減少数列の場合も同様である． ∎

> **例 1.3.2** $a_n = \left(1 + \dfrac{1}{n}\right)^n$ とする．数列 $\{a_n\}$ は収束する．

証明 二項定理によって

$$a_n = \left(1 + \frac{1}{n}\right)^n = 1 + {}_nC_1\left(\frac{1}{n}\right) + {}_nC_2\left(\frac{1}{n}\right)^2 + \cdots + {}_nC_n\left(\frac{1}{n}\right)^n$$

$$= 1 + 1 + \frac{n(n-1)}{2!}\left(\frac{1}{n}\right)^2 + \frac{n(n-1)(n-2)}{3!}\left(\frac{1}{n}\right)^3 +$$

$$\cdots + \frac{n(n-1)\cdots 1}{n!}\left(\frac{1}{n}\right)^n$$

$$= 1 + 1 + \frac{1}{2!}\left(1 - \frac{1}{n}\right) + \frac{1}{3!}\left(1 - \frac{1}{n}\right)\left(1 - \frac{2}{n}\right) +$$

$$\cdots + \frac{1}{n!}\left(1 - \frac{1}{n}\right)\left(1 - \frac{2}{n}\right)\cdots\left(1 - \frac{n-1}{n}\right).$$

この式から，

$$a_{n+1} = 1 + 1 + \frac{1}{2!}\left(1 - \frac{1}{n+1}\right) + \frac{1}{3!}\left(1 - \frac{1}{n+1}\right)\left(1 - \frac{2}{n+1}\right) + \cdots$$

$$+ \frac{1}{n!}\left(1 - \frac{1}{n+1}\right)\left(1 - \frac{2}{n+1}\right)\cdots\left(1 - \frac{n-1}{n+1}\right)$$

$$+ \frac{1}{(n+1)!}\left(1 - \frac{1}{n+1}\right)\cdots\left(1 - \frac{n}{n+1}\right).$$

この a_n と a_{n+1} の比較から，$a_n < a_{n+1}$．

また，

$$a_n < 1 + 1 + \frac{1}{2!} + \frac{1}{3!} + \cdots + \frac{1}{n!}$$

$$< 1 + 1 + \frac{1}{2} + \frac{1}{2\cdot 2} + \cdots + \frac{1}{2\cdot 2\cdots 2}$$

$$< 1 + 1 + \frac{1}{2} + \frac{1}{2^2} + \cdots + \frac{1}{2^n} + \cdots = 1 + \frac{1}{1 - \dfrac{1}{2}} = 3.$$

すなわち $a_1 < a_2 < a_3 < \cdots < a_n < \cdots < 3$．

こうして数列 $a_1, a_2, \cdots$ は次第にその値を増すが，3 より大きくなることはないので一定の値に収束する． ∎

任意の正数 k に対し，正数 N が存在して，

$$n > N \text{ である任意の自然数 } n \text{ について } a_n > k$$

であるとき，数列 $\{a_n\}$ の極限は ∞（無限大）であるといい，

$$\lim_{n \to \infty} a_n = \infty$$

と書く．

たとえば，$a_n = \sqrt{n}$ のとき，任意の正数 k に対し，$N = k^2$ とおけば，$n > N$ のとき $a_n > k$ となるから，$\lim_{n \to \infty} a_n = \infty$．

同様にして，$\lim_{n \to \infty} a_n = -\infty$ も定義できる．

これまで数列 $\{a_n\}$ が収束するかどうかを，極限値と予想される α をもとに考えてきた．これに対して，α を考えないで収束するかどうかを判定する方法として次の定理がある．これを **コーシー (Cauchy) の定理** という．

定理 1.3.3 数列 $\{a_n\}$ が収束するための必要十分条件は，任意の正数 ε に対して，正数 N が存在して，

$$m > N, n > N \text{ である任意の } m, n \text{ に対し}, |a_m - a_n| < \varepsilon \quad (1.6)$$

となることである．

証明 $\{a_n\}$ が α に収束するときは，任意の $\frac{1}{2}\varepsilon$ に対し N をとれば，$m > N, n > N$ のとき，

$$|a_m - \alpha| < \frac{\varepsilon}{2}, \quad |a_n - \alpha| < \frac{\varepsilon}{2}.$$

ゆえに，

$$|a_m - a_n| = |(a_m - \alpha) - (a_n - \alpha)| \leq |a_m - \alpha| + |a_n - \alpha| < \frac{\varepsilon}{2} + \frac{\varepsilon}{2} = \varepsilon.$$

逆に，(1.6) が成り立つとき，$n > N$ ならば，$|a_n - a_{N+1}| < \varepsilon$ であるから $|a_n| < |a_{N+1}| + \varepsilon$．$|a_1|, |a_2|, \cdots, |a_N|, |a_{N+1}| + \varepsilon$ の最大数を K とすれば，すべての n に対して $|a_n| \leq K$．したがって，$\{a_n\}$ は上に有界で上限 b_1 が存在する．$\{a_n\}$ の第 i 項からはじまる数列 $a_i, a_{i+1}, \cdots$ も上に有界で，その上限を b_i とおく．明らかに数列 $\{b_n\}$ は単調減少で下に有界であるから，その下限を α とおく．この α が $\{a_n\}$ の極限値であることが次のようにして示される．

α は $\{b_n\}$ の下限であるから
$$\alpha \leqq b_{N_1} < \alpha + \varepsilon$$
となる b_{N_1} が存在する（ここで，$N_1 > N$ と考えてよい）．b_{N_1} は数列 $a_{N_1}, a_{N_1+1}, \cdots$ の上限であるから
$$b_{N_1} - \varepsilon < a_{N_2} \leqq b_{N_1}$$
なる a_{N_2} $(N_2 \geqq N_1)$ が存在する．$N_2 > N$ であるから，$n > N$ ならば
$$|a_n - a_{N_2}| < \varepsilon.$$
よって，$n > N$ ならば
$$|a_n - \alpha| \leqq |a_n - a_{N_2}| + |a_{N_2} - b_{N_1}| + |b_{N_1} - \alpha|$$
$$< \varepsilon + \varepsilon + \varepsilon = 3\varepsilon.$$
そこで，あらかじめ ε の代わりに $\dfrac{\varepsilon}{3}$ ととっておけば
$$n > N \text{ ならば } |a_n - \alpha| < \varepsilon$$
となり，$\{a_n\}$ の極限値が α であることが示された．

第 1 章 演習問題

1. 次のような数列 $\{a_n\}, \{b_n\}$ の例をあげよ．
   (1) $\{a_n\}, \{b_n\}$ はともに発散であるが $\{a_n + b_n\}$ は収束する．
   (2) $\{a_n\}, \{b_n\}$ はともに発散であるが $\{a_n b_n\}$ は収束する．
2. 次の式の成り立つことを示せ．
   (1) $\displaystyle\lim_{n\to\infty} \sqrt[n]{a} = 1 \, (a > 0)$.　　(2) $\displaystyle\lim_{n\to\infty}\left(1 - \frac{1}{n}\right)^n = e^{-1}$.
3. $\displaystyle\lim_{n\to\infty} a_n = \infty$ ならば $\displaystyle\lim_{n\to\infty} \frac{a_1 + a_2 + \cdots + a_n}{n} = \infty$ であることを示せ．
4. $a_n > 0$, $\displaystyle\lim_{n\to\infty} a_n = \alpha$ ならば $\displaystyle\lim_{n\to\infty} \sqrt[n]{a_1 a_2 \cdots a_n} = \alpha$ であることを示せ．

2 関 数

2.1 関数

関数の基本的な概念を理解するのには，具体的な数や式から離れて，2 つの集合の要素の対応として考えるとよい．この立場から考えてみよう．

2 つの集合 M, N があって，M の任意の元（要素）x に，N の 1 つの元 y が対応しているとき，この対応を，

$$f : x \to y$$

で表し，これを集合 M の集合 N への **写像** (mapping) という．このとき，x が y に対応していることを

$$y = f(x)$$

と書く．また，M をこの写像の **定義域**，$f(x)$ を x の f による **像** といい，像の全体を $f(M)$ と書いて，**値域** という．N が実数 R のとき，写像のことを **関数** (function) ともいう．

> **例 2.1.1** 普通の 1 変数の関数では，M, N ともに実数の集合である．

M の N への写像 $f : M \to N$ において，$f(M) = N$ となっているならば，f を M の N の **上への写像** (onto) であるといい，**全射** (surjection) ともいう．

また，"$x_1 \neq x_2$ ならば $f(x_1) \neq f(x_2)$ である" というときは，f は **1 対 1** または **単射** (injection) であるという．全射でもあり，単射でもあるような写像を **全単射** (bijection) という．

写像 $f : x \to y$ が M の N への全単射のときは，その逆の写像 $g : y \to x$ が考えられる．これを f の **逆関数** といい f^{-1} と書く．

2.2　関数の極限

関数 $f(x)$ において，x が一定数 a と異なる値をとって a に限りなく近づくとき，$f(x)$ の値が一定の値 b に限りなく近づくならば，$x \to a$ のとき $f(x)$ は b に **収束する**，または $f(x)$ の **極限値** は b であるといい，

$$\lim_{x \to a} f(x) = b \text{ または } x \to a \text{ のとき } f(x) \to b$$

と書く．これを，1 章の数列の極限の定義の考え方にならって定義すると，次のようになる．

> 任意の正数 ε に対して，次のような正数 δ が存在する．
> $0 < |x - a| < \delta$ である任意の x に対して，$|f(x) - b| < \varepsilon$.

この条件は，$a - \delta < x < a + \delta$, $x \neq a$ である任意の x に対し，$b - \varepsilon < f(x) < b + \varepsilon$ と同じことである．

例 2.2.1　$\lim_{x \to 1}(2x + 3) = 5$ であることは，次のように示される．

証明　任意の ε に対し，$\delta = \dfrac{\varepsilon}{2}$ ととると，$0 < |x - 1| < \dfrac{\varepsilon}{2}$ である任意の x に対し，$|(2x + 3) - 5| = 2|x - 1| < \varepsilon$.

定理 2.2.1　$\lim_{x \to a} f(x) = b \, (\neq 0)$ のとき，$x = a$ の十分近く (a を除く) では $f(x)$ は b と同符号である．

証明　極限の定義によれば，任意の $\varepsilon > 0$ に対して $\delta > 0$ が存在して，

$$|f(x) - b| < \varepsilon, \quad \text{すなわち} \quad b - \varepsilon < f(x) < b + \varepsilon \tag{2.1}$$

となっている．

いま，$b > 0$ のときは $\varepsilon = \dfrac{b}{2}$ とおくと，$b - \varepsilon = \dfrac{b}{2}$ であることから (2.1)

により，
$$f(x) > \frac{b}{2} > 0.$$
また，$b < 0$ のときは，$\varepsilon = -\dfrac{b}{2}\,(>0)$ とおくと $b+\varepsilon = \dfrac{b}{2}$ であることから，
$$f(x) < \frac{b}{2} < 0.$$
いずれにしても，$x = a$ の十分近くでは $f(x)$ は b と同符号になる．

定理 2.2.2 $\displaystyle\lim_{x\to a} f(x) = \alpha$, $\displaystyle\lim_{x\to a} g(x) = \beta$ のとき，
$$\lim_{x\to a}(f(x)+g(x)) = \alpha + \beta,$$
$$\lim_{x\to a} f(x)g(x) = \alpha\beta, \quad \lim_{x\to a}\frac{g(x)}{f(x)} = \frac{\beta}{\alpha}\ (\alpha \neq 0\ \text{とする}).$$

証明は数列の場合（p.6）と同様である．

問 2.1 定理 2.2.2 を例 2.2.1 と定理 2.2.1 の証明で用いた方法（ε–δ 法）で証明してみよ．

定理 2.2.3 $f(x)$ が有理式のとき，a が定義域内にあれば，
$$\lim_{x\to a} f(x) = f(a).$$

$f(x)$ が分数式のときは，もちろん分母が 0 となるような a は考えない．

問 2.2 $f(x) \leqq g(x) \leqq h(x)$ で，$\displaystyle\lim_{x\to a} f(x) = \lim_{x\to a} h(x) = b$ ならば $\displaystyle\lim_{x\to a} g(x) = b$ であることを示せ．

問 2.3 $\displaystyle\lim_{x\to 0}\frac{\sin x}{x} = 1$ を示せ．

2.2.1 右極限，左極限

一般に，x が a より小さい値から a に近づくことを $x \to a-0$ と書き，このときの $f(x)$ の極限を左極限といい $\displaystyle\lim_{x\to a-0} f(x)$, $f(a-0)$ などで表す．また，x が a より大きい値から a に近づくことを $x \to a+0$ と書き，そのときの $f(x)$ の極

限を右極限といい $\lim_{x\to a+0} f(x)$, $f(a+0)$ で表す.さらに, $0-0$, $0+0$ のことを単に, -0, $+0$ と書く.たとえば, $\lim_{x\to 1+0}[x] = 1$, $\lim_{x\to 3-0}[x] = 2$, $\lim_{x\to +0}\frac{[x]}{x} = 1$

> **問 2.4** $\lim_{x\to a} f(x)$ が存在するための必要十分条件は, $\lim_{x\to a+0} f(x)$, $\lim_{x\to a-0} f(x)$ がともに存在して一致することであることを示せ.

2.2.2 無限大

x がどんな正の値をも超えて増大するとき, $f(x)$ が一定値 b に近づくことを $\lim_{x\to\infty} f(x) = b$ と書くが,その厳密な定義は次のようである.

> 任意の正数 ε に対し,正数 N が存在して,
> $x > N$ である任意の x に対し, $|f(x) - b| < \varepsilon$ となる.

たとえば, $\lim_{x\to\infty}\frac{1}{x} = 0$ であることは,次のように示される.

任意の正数 ε に対し, $N = \dfrac{1}{\varepsilon}$ ととれば, $x > N$ のとき,
$$\left|\frac{1}{x} - 0\right| = \frac{1}{x} < \frac{1}{N} = \varepsilon.$$
同様に,
$$\lim_{x\to-\infty} f(x) = b.$$
$\lim_{x\to a} f(x) = \infty$, $\lim_{x\to a} f(x) = -\infty$, $\lim_{x\to a+0} f(x) = \infty$, $\lim_{x\to a-0} f(x) = \infty$
などを考えることができる.たとえば, $\lim_{x\to +0}\frac{1}{x} = \infty$, $\lim_{x\to -0}\frac{1}{x} = -\infty$.

> **問 2.5** $\lim_{x\to a} f(x) = -\infty$ を定義してみよ.
>
> **問 2.6** $\lim_{x\to\infty}\dfrac{\sin x}{x} = 0$ を示せ.

2.3 連続関数

一般に,
$$\lim_{x \to a} f(x) = f(a)$$
が成り立つとき,関数 $f(x)$ は $x = a$ で連続であるといい,$f(x)$ が x のある定義域内のすべての値に対して連続のとき,$f(x)$ はその定義域で連続であるという.

定理 2.2.3 によれば,

定理 2.3.1 有理関数 $f(x)$ は,定義域全体で連続である.

たとえば,$f(x) = \dfrac{1}{x^2 - 1}$ の定義域は $(-\infty, -1), (-1, 1), (1, \infty)$ からなるが,各区間で連続である.普通の関数を考えると,$\lim\limits_{x \to a} f(x) = f(a)$ はつねに成り立つように思われるが,関数の定義は大変一般的であるので,このことは必ずしも成り立たない.

2.3.1 連続関数の性質

p.13 で述べたことから,$f(x), g(x)$ が $x = a$ で連続のときは,
$$\lim_{x \to a}(f(x) + g(x)) = \lim_{x \to a} f(x) + \lim_{x \to a} g(x) = f(a) + g(a).$$
ゆえに,$f(x) + g(x)$ は $x = a$ で連続である.$f(x), g(x)$ の積,商についても同様に考えると,結局,次の結果が得られる.

定理 2.3.2 連続関数の和,差,積,商はやはり連続関数である.

問 2.7 $f(x), g(x)$ が連続なら $|f(x)|, \max(f(x), g(x)), \min(f(x), g(x))$ も連続であることを示せ.

定理 2.2.1 から次のことが導かれる.

定理 2.3.3 関数 $f(x)$ が $x = a$ で連続かつ $f(a) \neq 0$ のとき,a の十分近くでは $f(x)$ は $f(a)$ と同符号である.

これから次の重要な性質が得られる.

定理 2.3.4 関数 $f(x)$ が $[a,b]$ で連続, $f(a), f(b)$ が異符号ならば,
$$f(c) = 0 \quad (a < c < b)$$
となる値 c がある.

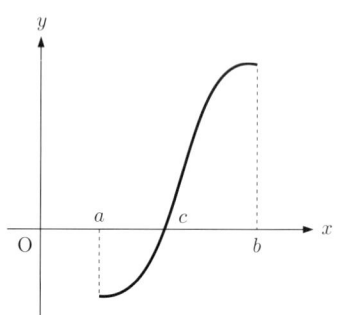

図 2.1

証明 まず, $f(a) < 0$, $f(b) > 0$ の場合に証明をしよう. $\lim_{x \to a} f(x) = f(a) < 0$ だから, $x = a$ の近く ($x > a$ の部分だけ考える) では, つねに, $f(x) < 0$.

そこで,

$$a \leqq x \leqq x_1 \text{ ではつねに } f(x) \leqq 0 \tag{2.2}$$

というような x_1 の全体を考えると, そのような集合は上に有界であるから定理 1.2.1 によって上限がある. これを c とすると,

(1) (2.2) の成り立つ x_1 については, $x_1 \leqq c$

(2) 任意の $\varepsilon > 0$ に対し, $x_1 > c - \varepsilon$ かつ (2.2) の成り立つ x_1 がある.

このとき, $f(c) = 0$ であることが次のようにしてわかる. いま, $f(c) > 0$ とすると, 定理 2.3.3 により c の近くでは $f(x) > 0$ となり (2) に反する. $f(c) < 0$ とすると, c の近くでは $f(x) < 0$ となり, c に近い $c' (> c)$ をとれば, (2) と合わせ考えて $[a, c']$ で $f(x) < 0$ となり (1) に反する. $f(a) > 0, f(b) < 0$ のときも, 同様に証明することができる.

定理 2.3.4 は次のように拡張される.

定理 2.3.5 関数 $f(x)$ が $[a,b]$ で連続のとき, $f(a)$ と $f(b)$ の間の任意の値 k に対して,
$$f(c) = k \quad (a < c < b)$$
となる値 c がある (中間値の定理).

証明 $\varphi(x) = f(x) - k$ とおいて定理 2.3.4 を適用すればよい.

定理 2.3.6 $f(x)$ が閉区間 $[a,b]$ で連続ならば，そこで **一様連続**である．すなわち，任意の正の数 ε に対して，適当な正の数 δ が存在して，
$$x_1, x_2 \in [a,b],\ |x_1 - x_2| < \delta\ \text{ならば}\ |f(x_1) - f(x_2)| < \varepsilon$$
となる．

次に，一様連続性と普通の連続性との違いを考えよう．

$f(x)$ が区間 I で連続とは，区間 I の各点で連続であることであって，1 点 $x = a$ で連続とは，任意の正数 ε に対して，次のような正数 δ が存在することであった．すなわち，

$$|x - a| < \delta\ \text{ならば}\ |f(x) - f(a)| < \varepsilon. \tag{2.3}$$

したがって，$f(x)$ が区間 I で連続であるとき，区間内の点を決めるごとに (2.3) となるような δ を選ぶことができるのであるから，同じ ε に対しても x の値によって δ は異なる．図 2.2 のように，$f(x)$ の値の変化がゆるやかなら δ は大きくとれるが，変化が急激なら小さくとらなければならない．これに対して，区間内の x の値に関係なく ε だけに関係して決まる δ を選べるとき，$f(x)$ は区間 I で一様連続であるという．

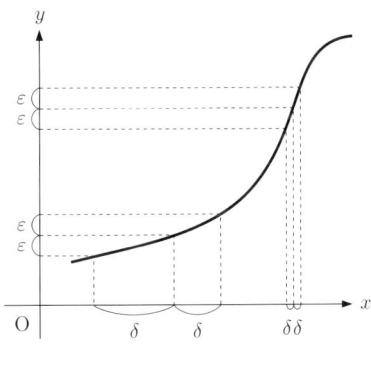

図 **2.2**

例 2.3.1 $f(x) = \dfrac{1}{x}$ は区間 $\left[\dfrac{1}{2}, 1\right]$ で一様連続であるが，区間 $(0,1]$ で一様連続でない．

実際，$x_1, x_2 \in \left[\dfrac{1}{2}, 1\right]$ ならば，$x_1 \geqq \dfrac{1}{2},\ x_2 \geqq \dfrac{1}{2}$ であるから
$$|f(x_1) - f(x_2)| = \left|\dfrac{x_2 - x_1}{x_1 x_2}\right| \leqq 4|x_2 - x_1|$$

したがって，任意の正数 ε に対して，$\delta = \dfrac{\varepsilon}{4}$ ととれば
$$|x_1 - x_2| < \delta \text{ ならば } |f(x_1) - f(x_2)| < 4\delta = \varepsilon$$
となる．すなわち，$f(x)$ は $\left[\dfrac{1}{2}, 1\right]$ で一様連続である．

一方，自然数 n に対して，$a_1 = \dfrac{1}{n}$，$a_2 = \dfrac{1}{n+1}$ とおくと
$$a_1, a_2 \in (0,1], |a_1 - a_2| = \frac{1}{n(n+1)}, |f(a_1) - f(a_2)| = 1$$
であるから，与えられた 1 より小さな正数 ε に対して
$$x_1, x_2 \in (0,1],\ |x_1 - x_2| < \delta \text{ ならば } |f(x_1) - f(x_2)| < \varepsilon$$
となるような δ は
$$\delta \leqq \frac{1}{n(n+1)}$$
でなければならない．ところが，n を大きくすればこの式の右辺はいくらでも 0 に近くなるから，$(0,1]$ 内の点 x に無関係に定まる正数 δ を選ぶことは不可能である．すなわち，$f(x) = \dfrac{1}{x}$ は $(0,1]$ で一様連続ではない．

2.3.2　逆関数

逆関数の概念については p.12 で述べたが，1 変数の実関数の場合には，次のようである．ここで，$f(x)$ が増加関数であるというのは，$x_1 < x_2$ ならばつねに $f(x_1) < f(x_2)$ となることである．

> **定理 2.3.7**　$y = f(x)$ が $[a,b]$ で連続な増加関数（減少関数）のとき，x を y の関数とみることができる．これは y の連続関数である．

証明　$f(x)$ が増加関数の場合を考える（減少関数のときも同様である）．$f(a) < k < f(b)$ である k に対して，$f(x) = k$ となる x の存在することは定理 2.3.5 で述べたとおりである．すなわち，$x \to f(x)$ は全射である．

次に，$f(x)$ は増加関数であるから，$x \to f(x)$ は単射である．したがって，$x \to y = f(x)$ は全単射となり，逆関数 $y \to x$ が考えられる．これを $x = g(y)$ とおいて，y の連続関数であること，すなわち $\lim\limits_{y \to y_1} g(y) = g(y_1)$ を示そう．

これは，任意の $\varepsilon > 0$ に対し，$\delta > 0$ が存在して
$$y_1 - \delta < y < y_1 + \delta \text{ ならば, } g(y_1) - \varepsilon < g(y) < g(y_1) + \varepsilon$$
ということである．それには，$y_1 = f(x_1)$ となる x_1 を用いて，
$$\delta = \min(f(x_1) - f(x_1 - \varepsilon), f(x_1 + \varepsilon) - f(x_1)) \tag{2.4}$$
とすればよい（ここに $\min(a, b)$ は a, b の中で小さい方を表す）．実際，$y_1 - \delta < y < y_1 + \delta$ ならば，$y = f(x)$ によって，
$$f(x_1) - \delta < f(x) < f(x_1) + \delta.$$
(2.4) によって，
$$f(x_1 - \varepsilon) < f(x) < f(x_1 + \varepsilon).$$
$f(x)$ は増加関数だから，
$$x_1 - \varepsilon < x < x_1 + \varepsilon$$
ゆえに，
$$g(y_1) - \varepsilon < g(y) < g(y_1) + \varepsilon.$$

2.3.3 $\sqrt[n]{x}$

これは次のようにして考えられる．
$$y = x^n \quad (n \text{ は自然数}) \tag{2.5}$$
は，任意の正の数 a をとって，$[0, a]$ で考えると，連続な増加関数である．$x = 0$ のとき $y = 0$，$x = a$ のとき $y = a^n$ であるから，定理 2.3.7 によって，x は，$[0, a^n]$ を定義域とする y の関数と考えることができる．この関数が $x = \sqrt[n]{y}$ である．この式で，x と y を入れ替えて，
$$y = \sqrt[n]{x}. \tag{2.6}$$
$a \to \infty$ のとき $a^n \to \infty$ だから，これは $[0, \infty]$ で定義された関数で，x の連続関数である．

また，特に n が奇数のときは，(2.5) で x の定義域を $(-\infty, \infty)$ にとっても連続な増加関数であって，関数 (2.6) は $(-\infty, \infty)$ で定義される．

ゆえに，　　n が偶数のとき，$\sqrt[n]{x}$ は $[0, \infty)$ で連続な関数
　　　　　　n が奇数のとき，$\sqrt[n]{x}$ は $(-\infty, \infty)$ で連続な関数

2.3.4 合成関数

定理 2.3.8 $z = f(y)$ が y の連続関数, $y = g(x)$ が x の連続関数のとき, $z = f(g(x))$ は x の連続関数である.

たとえば, 上に述べたように, $z = \sqrt{y}$ は $[0, \infty)$ で y の連続関数, $y = 1 - x^2$ は x の連続関数だから, $z = \sqrt{1 - x^2}$ は $[-1, 1]$ で x の連続関数である. 一般に, x と定数とから, 何回も加減乗除と累乗根をとる算法 $\sqrt[n]{}$ を繰り返してできる式が x の無理式で, これで決まる関数が無理関数である. 上と同様に考えて, 結局, 次の結果が得られる.

定理 2.3.9 x の無理関数は, 連続関数である.

もちろん, その無理式の値が決まらないところは定義域の外で, これは除外する.

定理 2.3.9 によって, 次のような計算ができるわけである.
$$\lim_{x \to 2} \sqrt{3x + 4} = \sqrt{3 \times 2 + 4} = \sqrt{10}.$$

2.3.5 指数関数

a が正数のとき, 有理数 $\dfrac{m}{n}$ (n は自然数, m は整数) に対して, $a^{\frac{m}{n}}$ は,
$$a^{\frac{m}{n}} = (\sqrt[n]{a})^m$$
によって定義される. こうして, x が有理数の場合については, a^x が定められる. x が無理数のときの a^x は, 次のように定義する.

無理数 x に対して, これに収束する有理数の増加数列 $x_1, x_2, x_3, \cdots$ を考え,
$$a^{x_1}, a^{x_2}, a^{x_3}, \cdots \tag{2.7}$$
という数列を作ると, これは収束する. 実際, $a > 1$ のときは上に有界な増加数列, $a < 1$ のときは下に有界な減少数列であり, $a = 1$ のときは 1 に収束している.

この定義によると, たとえば $a^{\sqrt{2}}$ は
$$a^1, a^{1.4}, a^{1.41}, a^{1.414}, a^{1.4142}, \cdots$$
という数列の極限として定義されるわけである. この場合, $\sqrt{2}$ に収束する有

理数の増加数列として，上と違った

$$1.35, 1.405, 1.4135, 1.41415, \cdots$$

をとって，

$$a^{1.35}, a^{1.405}, a^{1.4135}, a^{1.41415}, \cdots$$

を作っても，同じ極限をとることがわかっている．

一般に，無理数 x に収束する任意の有理数の数列 $x_1, x_2, x_3, \cdots$ に対して，数列 (2.7) はすべて同一の極限値をもつことが証明できるので，これで a^x が数列の取り方に無関係に定義されるわけである．

このように定義された a^x に対して，次の性質の成り立つことが証明できる．
$$a^x a^y = a^{x+y}, \quad (a^x)^y = a^{xy}, \quad (ab)^x = a^x b^x.$$
$a > 1$ のとき，$x > y$ ならば $a^x > a^y$．
$a < 1$ のとき，$x > y$ ならば $a^x < a^y$．

$y = a^x$ (a は正の定数) は $(-\infty, \infty)$ を定義域とする x の関数で，次の性質をもっている．

$a > 1$ のとき，a^x は増加関数で，$\lim_{x \to -\infty} a^x = 0, \lim_{x \to \infty} a^x = \infty$．
$a < 1$ のとき，a^x は減少関数で，$\lim_{x \to \infty} a^x = 0, \lim_{x \to -\infty} a^x = \infty$．

定理 2.3.10 指数関数 a^x は x の連続関数である．

証明 まず $a > 1$ のときに，次の段階に分けて証明する．
(1) $\lim_{n \to \infty} a^{\frac{1}{n}} = 1$ (n は自然数)．
(2) $\lim_{h \to +0} a^h = 1, \quad \lim_{h \to -0} a^h = 1$．
(3) $\lim_{x \to c} a^x = a^c$．

(1) の証明． $a^{\frac{1}{n}} - 1 = b_n$ とおくと，$a > 1$ だから $b_n > 0$ かつ，$a^{\frac{1}{n}} = 1 + b_n$．ゆえに，$a = (1 + b_n)^n = 1 + {}_nC_1 b_n + {}_nC_2 b_n^2 + \cdots \geq 1 + n b_n$ となって，$\dfrac{a-1}{n} \geq b_n > 0$．$\lim_{n \to \infty} \dfrac{a-1}{n} = 0$ だから $\lim_{n \to \infty} b_n = 0$，ゆえに $\lim_{n \to \infty} a^{\frac{1}{n}} = 1$．

(2) の証明． $0 < h < 1$ であるようなすべての h に対して，$h < \dfrac{1}{n}$ となる自

然数がとれる．そうすると，
$$1 < a^h < a^{\frac{1}{n}}.$$
$n \to \infty$ とすることによって (1) から，$\lim_{h \to +0} a^h = 1$.

$h < 0$ のときは，$-h > 0$ だから，
$$\lim_{h \to -0} a^h = \lim_{h \to -0} \frac{1}{a^{-h}} = \frac{1}{1} = 1.$$

(3) の証明． $x = c + h$ とおけば，(2) によって $\lim_{h \to 0} a^h = 1$ だから，
$$\lim_{x \to c} a^x = \lim_{h \to 0} a^{c+h} = \lim_{h \to 0} a^c \cdot a^h = a^c.$$

$a < 1$ の場合は，$b = \dfrac{1}{a}$ とおくと，$b > 1$ で，(3) により $\lim_{x \to c} b^x = b^c$．ゆえに，$\lim_{x \to c} a^x = \lim_{x \to c} \left(\dfrac{1}{b}\right)^x = \dfrac{1}{\lim_{x \to c} b^x} = \dfrac{1}{b^c} = \left(\dfrac{1}{b}\right)^c = a^c.$

$a = 1$ のときは，明らかに $\lim_{x \to c} a^x = a^c \ (= 1)$．

> **問 2.8** 次を示せ．$\lim_{x \to \infty}(1 + \dfrac{1}{x})^x = \lim_{x \to -\infty}(1 + \dfrac{1}{x})^x = \lim_{h \to 0}(1 + h)^{\frac{1}{h}} = e.$

2.3.6 対数関数

指数関数
$$y = a^x \ (a > 1)$$
は $(-\infty, \infty)$ で連続な増加関数で，
$$\lim_{x \to -\infty} y = 0, \quad \lim_{x \to \infty} y = \infty$$
である．だから，a^x の逆関数が $(0, \infty)$ で定義される．これが，対数関数
$$y = \log_a x$$
である．$a < 1$ のときも同様である．そして，

> **定理 2.3.11** 対数関数は，$(0, \infty)$ で連続な関数である．

> **問 2.9** $\lim_{h \to 0} \dfrac{\log(1+h)}{h} = 1$ を示せ．

2.3.7 逆三角関数

まず，念のため，三角関数の連続性について考察しておこう．振動の現象や周期的な現象には，三角関数が基本となる．三角関数の性質を調べるときは，次の定理が大切である．

定理 2.3.12 $0 < \theta < \dfrac{\pi}{2}$ のとき，$\sin\theta < \theta < \tan\theta$.

証明 点 O を中心とする半径 1 の円で，中心角が θ の扇形 OAB を考え，A で円弧に接線を引いて直線 OB との交点を T とすれば，

$$\triangle \text{OAT の面積} > \text{扇形 OAB の面積} > \triangle \text{OAB の面積}.$$

すなわち，$\dfrac{1}{2}\tan\theta > \dfrac{1}{2}\theta > \dfrac{1}{2}\sin\theta$.

この定理から，$-\dfrac{\pi}{2} < \theta < \dfrac{\pi}{2}$ のとき，

$$|\sin\theta| \leq |\theta| \tag{2.8}$$

であることがわかる．この式は $|\theta| \geq \dfrac{\pi}{2}$ でも成り立つ．

定理 2.3.13 $\sin x, \cos x, \tan x, \sec x, \operatorname{cosec} x$ は，連続関数である．

証明 $\sin(x+h) - \sin x = 2\sin\dfrac{x+h-x}{2}\cos\dfrac{x+h+x}{2} = 2\sin\dfrac{h}{2}\cos\left(x+\dfrac{h}{2}\right)$. ゆえに，(2.8) によって，

$$|\sin(x+h) - \sin x| \leq 2\left|\sin\dfrac{h}{2}\right| \leq 2\dfrac{|h|}{2} = |h|.$$

したがって，$\lim_{h\to 0}\sin(x+h) = \sin x$. すなわち，$\sin x$ は x の連続関数である．また，$\cos x = \sin\left(x + \dfrac{\pi}{2}\right)$ であるから，$\sin x$ の連続性から $\cos x$ の連続性が導かれる．

問 2.10 $\tan x$ の連続性を調べよ．

$\sec x = \dfrac{1}{\cos x}$, $\operatorname{cosec} x = \dfrac{1}{\sin x}$ についても同様である．

$$y = \sin x \ \left(-\frac{\pi}{2} \leqq x \leqq \frac{\pi}{2}\right)$$

は，連続な増加関数である．$\sin\left(-\frac{\pi}{2}\right) = -1, \sin\frac{\pi}{2} = 1$ だから，$1 \geqq y \geqq -1$ なる y に対して，x は 1 つ，ただ 1 つある．これを

$$x = \sin^{-1} y$$

とおいて，y の **逆正弦関数** という．すなわち，

$$x = \sin^{-1} y \leftrightarrows \begin{cases} y = \sin x \\ -\dfrac{\pi}{2} \leqq x \leqq \dfrac{\pi}{2} \end{cases}$$

例 2.3.2 $\sin^{-1} 0 = 0, \sin^{-1} 1 = \dfrac{\pi}{2}, \sin^{-1}\dfrac{1}{2} = \dfrac{\pi}{6},$
$\sin^{-1}\left(-\dfrac{1}{\sqrt{2}}\right) = -\dfrac{\pi}{4}.$

問 2.11 $\sin^{-1}(-x) = -\sin^{-1} x$ を示せ．

次に，$y = \cos x \ (0 \leqq x \leqq \pi)$ は連続な減少関数である．そこで，

$$x = \cos^{-1} y \leftrightarrows \begin{cases} y = \cos x \\ 0 \leqq x \leqq \pi \end{cases}$$

によって $\cos^{-1} y$ を定義する．

問 2.12 $\cos^{-1}(-x) = \pi - \cos^{-1} x$ を示せ．
問 2.13 $y = \sin^{-1} x$ ならば $\cos y = \sqrt{1-x^2}$ であることを示せ．

例 2.3.3 $\cos^{-1} 0 = \dfrac{\pi}{2}, \cos^{-1}(-1) = \pi, \cos^{-1}\dfrac{1}{\sqrt{2}} = \dfrac{\pi}{4},$
$\cos^{-1}\left(-\dfrac{1}{2}\right) = \dfrac{2}{3}\pi,$

$y = \tan x \ \left(-\dfrac{\pi}{2} < x < \dfrac{\pi}{2}\right)$ は連続な増加関数である．これから $x = \tan^{-1} y \leftrightarrows \begin{cases} y = \tan x \\ -\dfrac{\pi}{2} < x < \dfrac{\pi}{2} \end{cases}$ によって $\tan^{-1} y$ を定義する．

例 2.3.4 $\tan^{-1} 0 = 0$, $\tan^{-1}(-1) = -\dfrac{\pi}{4}$. また, $\displaystyle\lim_{x\to\infty} \tan^{-1} x = \dfrac{\pi}{2}$ である. このことを, $\tan^{-1} \infty = \dfrac{\pi}{2}$ とも書く.

定理 2.3.7 によれば,

定理 2.3.14 逆三角関数 $\sin^{-1} x$, $\cos^{-1} x$, $\tan^{-1} x$ は定義域で連続である.

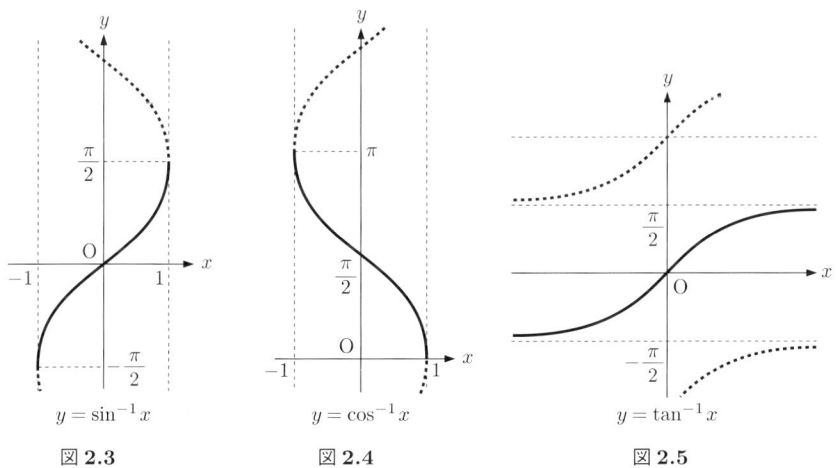

図 2.3 　　　　図 2.4 　　　　図 2.5

例 2.3.5 $\sin^{-1} a + \cos^{-1} a = \dfrac{\pi}{2}$ であることを証明せよ.

証明 $\sin^{-1} a = \alpha$, $\cos^{-1} a = \beta$ とおけば,
$$\sin\alpha = a \ \left(-\dfrac{\pi}{2} \leqq \alpha \leqq \dfrac{\pi}{2}\right), \quad \cos\beta = a \ (0 \leqq \beta \leqq \pi).$$
$\cos\beta = \sin\left(\dfrac{\pi}{2} - \beta\right)$ だから, 上の式から $\sin\alpha = \sin\left(\dfrac{\pi}{2} - \beta\right)$. $0 \leqq \beta \leqq \pi$ によって, $-\dfrac{\pi}{2} \leqq \dfrac{\pi}{2} - \beta \leqq \dfrac{\pi}{2}$, また $-\dfrac{\pi}{2} \leqq \alpha \leqq \dfrac{\pi}{2}$ だから $\alpha = \dfrac{\pi}{2} - \beta$, $\alpha + \beta = \dfrac{\pi}{2}$. すなわち, $\sin^{-1} a + \cos^{-1} a = \dfrac{\pi}{2}$.

2.4 多変数の関数

これまでは,主に 1 変数の関数について考えてきたのであるが,ここで,2 つ以上の変数の関数を考えてみよう.まず,2 変数の関数は,M を R^2 またはその部分集合として,M から R への写像である.M の元を (x,y) とすると,これは直交座標を考えた平面上の点 P で表せるから,2 変数の関数 $z = f(x,y)$ は,P を使って,

$$z = f(\mathrm{P})$$

と表してもよい.

さて,R^2 で 1 つの元 (x,y),すなわち,点 P が,他の点 $\mathrm{A} = (a,b)$ へ近づくことを考えるのには,A と P の距離

$$\mathrm{AP} = \sqrt{(x-a)^2 + (y-b)^2}$$

を使うのがよい.そうすれば,P が A に限りなく近づくこと,すなわち,

$$x \to a, \quad y \to b$$

は $\mathrm{AP} \to 0$ で表すことができる.

この考えで,$\displaystyle\lim_{\mathrm{P} \to \mathrm{A}} f(\mathrm{P}) = \ell$ というのは,次のように定義される.

> 任意の $\varepsilon > 0$ に対して,$\delta > 0$ が存在して,$\mathrm{O} \ne \mathrm{AP} < \delta$ である任意の P に対して,$|f(\mathrm{P}) - \ell| < \varepsilon$ となる.

また,$f(\mathrm{P})$ が $\mathrm{P} = \mathrm{A}$ で連続というのは,$\displaystyle\lim_{\mathrm{P} \to \mathrm{A}} f(\mathrm{P}) = f(\mathrm{A})$ によって定義される.

このように考えた $f(\mathrm{P})$ について,極限や連続に関する諸定理は,1 変数の場合とまったく同様に成り立ち,それらは,

定理 2.4.1 $\displaystyle\lim_{\mathrm{P} \to \mathrm{A}} f(\mathrm{P}) = \ell$, $\displaystyle\lim_{\mathrm{P} \to \mathrm{A}} g(\mathrm{P}) = m$ のとき,
$$\lim_{\mathrm{P} \to \mathrm{A}} (f(\mathrm{P}) + g(\mathrm{P})) = \ell + m, \quad \lim_{\mathrm{P} \to \mathrm{A}} f(\mathrm{P})g(\mathrm{P}) = \ell m,$$
$$\lim_{\mathrm{P} \to \mathrm{A}} \frac{g(\mathrm{P})}{f(\mathrm{P})} = \frac{m}{\ell} \ (\ell \ne 0 \text{ とする}).$$

定理 2.4.2 $f(P), g(P)$ が P=A で連続のとき，次の関数も A で連続である．
$$f(P)+g(P),\ f(P)g(P),\ \frac{g(P)}{f(P)}\quad (f(A)\neq 0\ \text{とする}).$$

証明も 1 変数の場合と同様である．各自やってみるとよい．

これまでは，2 変数の場合を考えたが，多変数の関数
$$u=f(x_1,x_2,\cdots,x_n) \tag{2.9}$$
についてもまったく同様である．この関数は次のように考えられる．

まず，n 個の実数の組 $(x_1,x_2,\cdots,x_n)$ を作り，その全体を考える．これを実数全体の集合 R を n 個とって作った直積といい，$R^n=R\times R\times\cdots\times R$ で表す．これはまた，n 次元空間ともいい，$(x_1,x_2,\cdots,x_n)$ を n 次元空間の点という．そうすると，n 変数の関数 (2.9) は，M を R^n またはその部分集合にしたときの M から R への写像である．

R^n では，2 つの点 $A=(a_1,a_2,\cdots,a_n)$ と $P=(x_1,x_2,\cdots,x_n)$ との距離を
$$AP=\sqrt{\sum_{i=1}^n (x_i-a_i)^2}=\sqrt{(x_1-a_1)^2+(x_2-a_2)^2+\cdots+(x_n-a_n)^2}$$
で定義する．そうすると，P が A に近づくことは $AP\to 0$ で表せる．また，この場合，次のことがいえる．

定理 2.4.3 (i) $AB\geqq 0$, $AB=0$ となるのは $A=B$ のときに限る．
(ii) $AB=BA$.
(iii) $AB+BC\geqq AC$.

証明 (i), (ii) は明らかだから，(iii) を示そう．これも 1 次元，2 次元，3 次元のときは図を描けば明らかである．一般の場合は次のように示される．

$A=(a_1,a_2,\cdots,a_n)$, $B=(b_1,b_2,\cdots,b_n)$, $C=(c_1,c_2,\cdots,c_n)$ とおき，さらに，
$$x_i=b_i-a_i,\quad y_i=c_i-b_i\ (i=1,2,\cdots,n)$$

とおくと，$x_i + y_i = c_i - a_i$.

したがって
$$AB^2 = \sum(b_i - a_i)^2 = \sum x_i^2,$$
$$BC^2 = \sum(c_i - b_i)^2 = \sum y_i^2,$$
$$AC^2 = \sum(c_i - a_i)^2 = \sum(x_i + y_i)^2.$$

(iii) の両辺の 2 乗の差を考えると，上の式から，
$$(AB + BC)^2 - AC^2 = AB^2 + BC^2 - AC^2 + 2AB \cdot BC \tag{2.10}$$
$$= 2\left(-\sum x_i y_i + AB \cdot BC\right).$$

さらに，
$$(AB \cdot BC)^2 - \left(\sum x_i y_i\right)^2 = \left(\sum x_i^2\right)\left(\sum y_i^2\right) - \left(\sum x_i y_i\right)^2 \tag{2.11}$$
$$= \sum_{i<j}(x_i y_j - x_j y_i)^2 \geqq 0$$

によって，(2.10) の右辺 $\geqq 0$ となり，$(AB + BC)^2 - AC^2 \geqq 0$ が導かれる．これから (iii) が得られる．

定点 A と正の定数 r に対し，$AP < r$ となる点 P 全体の集合を，A を中心とする半径 r の球という (2 次元のときは円である).

M が R^m またはその部分集合であるとき，M の R^n への写像を f とし，
$$Q = f(P)$$
とおくとき，この関数についても極限や連続性を考え，定理 2.4.1, 定理 2.4.2 に相当することを証明することができる．この場合，定理 2.4.3 が役に立つ．

また，次のことも容易にわかる．

定理 2.4.4 L, M, N がそれぞれ R^ℓ, R^m, R^n の部分集合で，$f(P)$ が L の M への連続関数，$g(Q)$ が M の N への連続関数のとき，$g(f(P))$ は L の N への連続関数である．

たとえば，$\ell = 2, m = 1, n = 3$ でいえば，
$$y = f(x_1, x_2), \quad z_1 = g_1(y), \quad z_2 = g_2(y), \quad z_3 = g_3(y)$$

のとき, $(x_1, x_2) \to (z_1, z_2, z_3)$ は連続関数である. すなわち
$$g_1(f(x_1, x_2)), g_2(f(x_1, x_2)), g_3(f(x_1, x_2))$$
が x_1, x_2 の連続関数なのである. これから扱うのは, 定理 2.4.4 で $\ell = n, m = k, n = 1$ の場合で, それは,
$$y_i = f_i(x_1, x_2, \cdots, x_n) \ (i = 1, 2, \cdots, k), z = g(y_1, y_2, \cdots, y_k)$$
がすべて連続関数であれば,
$$z = g(f_1(x_1, x_2, \cdots, x_n), \cdots, f_k(x_1, x_2, \cdots, x_n))$$
も $x_1, x_2, \cdots, x_n$ の連続関数であるということである.

たとえば, $z = \sqrt{u}$ は定義域 $u \geqq 0$ で連続, $u = ax + by + c \ (a, b, c$ は定数) は連続だから, $\sqrt{ax + by + c}$ は x, y の連続関数である.

このようにして, 一般に次のことがいえる.

定理 2.4.5 $x_1, x_2, \cdots, x_n$ に次の算法を施してできる式で決まる関数は, その定義域において連続である.

加減乗除, 累乗根 ($\sqrt[x]{}$),

指数関数, 対数関数, 三角関数, 逆三角関数.

式で表される関数の極限値は, 普通この定理を根拠にして計算される.
2 変数の関数でいえば, $f(x, y)$ が連続というのは,
$$\lim_{\substack{x \to a \\ y \to b}} f(x, y) = f(a, b)$$
であるから, たとえば,
$$\lim_{\substack{x \to 1 \\ y \to 2}} \frac{2x - 3y}{x^2 + y^2} = \frac{2 \times 1 - 3 \times 2}{1^2 + 2^2} = -\frac{4}{5}.$$

また, 定理 2.4.5 が適用されない場合としては, $\displaystyle\lim_{\substack{x \to 0 \\ y \to 0}} \frac{2x^2 + 3y^2}{x^2 + y^2}$ のようなものがある. このとき, 点 (x, y) が x 軸に沿って $(0, 0)$ に近づくときは, この関数の値はつねに 2 であり, y 軸に沿って $(0, 0)$ に近づくときは, 関数の値はつねに 3 であって, 結局, 極限値は存在しない.

問 **2.14** 次の関数は原点 $(0, 0)$ において連続であるかどうか調べよ．

(1) $f(x, y) = \begin{cases} \dfrac{x^2 y}{x^2 + y^2} & (x, y) \neq (0, 0) \\ 0 & (x, y) = (0, 0). \end{cases}$

(2) $f(x, y) = \begin{cases} x \sin^{-1} y + y \sin^{-1} x & (xy \neq 0) \\ 0 & (xy = 0). \end{cases}$

第 2 章 演習問題

1. $f(x) = \tan x$ は $\left(0, \dfrac{\pi}{2}\right)$ で一様連続でないことを示せ．

2. 次の式の成り立つことを示せ．
  (1) $\tan^{-1}(-x) = -\tan^{-1}(x)$.
  (2) $4\tan^{-1}\dfrac{1}{5} - \tan^{-1}\dfrac{1}{239} = \dfrac{\pi}{4}$.

3. 次の関数の，原点 $(0, 0)$ における連続性を調べよ．

  (1) $f(x, y) = \begin{cases} xy\dfrac{x^2 - y^2}{x^2 + y^2} & (x, y) \neq (0, 0) \\ 0 & (x, y) = (0, 0). \end{cases}$

  (2) $f(x, y) = \begin{cases} \dfrac{xy}{|x| + |y|} & (x, y) \neq (0, 0) \\ 0 & (x, y) = (0, 0). \end{cases}$

3 1変数の微分法

3.1 導関数

関数の値の変化を瞬間的にとらえるのが微分係数で，関数 $f(x)$ については，
$$f'(a) = \lim_{\Delta x \to 0} \frac{\Delta y}{\Delta x} = \lim_{x \to a} \frac{f(x) - f(a)}{x - a} = \lim_{h \to 0} \frac{f(a+h) - f(a)}{h}$$
によって定義されることは，よく知っているだろう．$f'(a)$ が存在するとき，$f(x)$ は $x = a$ において微分可能であるという．

$f(x)$ が $x = a$ で微分可能であれば連続である．それは，
$$\lim_{x \to a} (f(x) - f(a)) = \lim_{x \to a} \frac{f(x) - f(a)}{x - a}(x - a) = f'(a) \cdot 0 = 0$$
によってわかる．しかし，逆はいえない．たとえば，$f(x) = |x|$ は $x = 0$ で連続であるが，微分可能ではない．微分係数 $f'(a)$ において，a を変数と考えると，これは a の関数となる．$f(x)$ に対してこのように考えた関数 $f'(x)$ は $f(x)$ の導関数という．導関数は $\dfrac{dy}{dx}$ とも書かれる．

導関数について，よく知っていることを復習しておこう．

> **定理 3.1.1** 関数 $f = f(x), g = g(x)$ が微分可能のとき，
> $$(f + g)' = f' + g', \qquad (cf)' = cf' \quad (c \text{ は定数}),$$
> $$(fg)' = f'g + fg',$$
> $$\left(\frac{g}{f}\right)' = \frac{g'f - f'g}{f^2}. \quad \text{特に} \quad \left(\frac{1}{f}\right)' = -\frac{f'}{f^2}.$$

この定理から，c_1, c_2 が定数のとき，$(c_1 f_1 + c_2 f_2)' = c_1 f_1' + c_2 f_2'$．これを微分法の線形性という．

定理 3.1.2 $z = f(y)$ が y について微分可能,$y = g(x)$ が x について微分可能のとき,これらを合成した関数 $y = f(g(x))$ について
$$\frac{dz}{dx} = \frac{dz}{dy}\frac{dy}{dx}.$$

定理 3.1.3 $y = f(x)$ の導関数とその逆関数 $x = g(y)$ の導関数について,
$$\frac{dx}{dy} = \frac{1}{\frac{dy}{dx}}.$$

これらの定理と,次の定理によって,有理関数,無理関数はすべて微分できる.

定理 3.1.4 a が有理数のとき,$(x^a)' = ax^{a-1}$

例 3.1.1 $(x^{\frac{2}{3}})' = \frac{2}{3}x^{-\frac{1}{3}}$

定理 3.1.4 は,a が無理数の場合にも成り立つ (p.33).

3.1.1 指数関数の導関数

$f(x) = a^x$ を微分することを考えてみよう.まず,
$$f'(x) = \lim_{h \to 0} \frac{a^{x+h} - a^x}{h} = a^x \lim_{h \to 0} \frac{a^h - 1}{h}. \tag{3.1}$$
したがって,$\varphi(a) = \lim_{h \to 0} \frac{a^h - 1}{h}$ という極限値が問題となる.これは $f(x) = a^x$ のグラフでいえば,$x = 0$ での接線の傾きである.そこで,$\varphi(e) = 1$ となる e があれば,最も都合がよい.

定理 3.1.5 $\lim_{h \to 0} \dfrac{e^h - 1}{h} = 1$.

3.1 導関数   33

証明 2章の問 2.9 から $\lim_{z \to 0} \dfrac{\log_e(1+z)}{z} = 1$. $\log_e(1+z) = h$ とおくと, $z = e^h - 1$ となり, かつ $z \to 0$ のとき $h \to 0$ だから $\lim_{h \to 0} \dfrac{h}{e^h - 1} = 1$, すなわち, $\lim_{h \to 0} \dfrac{e^h - 1}{h} = 1$. ∎

この e という数を使えば, $e^{x+y} = e^x e^y$ により, $(e^x)' = e^x$. また, $a = e^{\log_e a}$ だから,
$$(a^x)' = (e^{x \log_e a})' = e^{x \log_e a} \log_e a = a^x \log_e a.$$
これらをまとめて,

定理 3.1.6 $(a^x)' = a^x \log_e a$, 特に $(e^x)' = e^x$.

3.1.2 対数関数の微分法

$y = a^x$ とおけば, $x = \log_a y$. ゆえに, 定理 3.1.3 によって,
$$\frac{d}{dy} \log_a y = \frac{dx}{dy} = \frac{1}{\dfrac{dy}{dx}} = \frac{1}{a^x \log_e a} = \frac{1}{y \log_e a}.$$
このことから,

定理 3.1.7 $(\log_a x)' = \dfrac{1}{x \log_e a}$. 特に, $(\log_e x)' = \dfrac{1}{x}$.

微分法や積分法では, e を底とする対数を考えるのが便利である. この対数 $\log_e x$ を**自然対数**という. 自然対数の底 e を省略して $\log x$ と書くのが普通である.

定理 3.1.8 $(\log |x|)' = \dfrac{1}{x}$.

証明 $x > 0$ のときは, $|x| = x$ だから明らかである. $x < 0$ のときは,
$$\frac{d}{dx} \log |x| = \frac{d}{dx} \log(-x) = \frac{1}{-x} = \frac{1}{x}.$$
定理 3.1.8 によって, $(\log |f(x)|)' = \dfrac{f'(x)}{f(x)}$.

このことを使って $f(x)$ を微分することがある．これを**対数微分法**という．

> **例 3.1.2** $y = x^x$ のとき，$\log y = x \log x$．

両辺を x で微分して，$\dfrac{y'}{y} = \log x + x \cdot \dfrac{1}{x} = \log x + 1$．ゆえに，$y' = y(\log x + 1) = x^x(\log x + 1)$．

3.1.3 三角関数と逆三角関数

定理 2.3.14 によって，$\sin x$ が次のように微分できる．

$$(\sin x)' = \lim_{h \to 0} \frac{\sin(x+h) - \sin x}{h} = \lim_{h \to 0} \frac{2 \sin \dfrac{h}{2} \cos\left(x + \dfrac{h}{2}\right)}{h}$$

$$= \lim_{h \to 0} \frac{\sin \dfrac{h}{2}}{\dfrac{h}{2}} \cos\left(x + \dfrac{h}{2}\right) = \cos x.$$

このようにして，

> **定理 3.1.9** $(\sin x)' = \cos x, \quad (\cos x)' = -\sin x, \quad (\tan x)' = \sec^2 x.$

逆三角関数の導関数を求めよう．

$y = \sin x \; \left(-\dfrac{\pi}{2} \leqq x \leqq \dfrac{\pi}{2}\right)$ の逆関数が $x = \sin^{-1} y$ であることから，

$$\frac{d}{dy}(\sin^{-1} y) = \frac{dx}{dy} = \frac{1}{\dfrac{dy}{dx}} = \frac{1}{\cos x}.$$

ところが，$-\dfrac{\pi}{2} \leqq x \leqq \dfrac{\pi}{2}$ だから，$\cos x \geqq 0$ で，

$$\cos x = \sqrt{1 - \sin^2 x} = \sqrt{1 - y^2}, \quad \text{よって} \quad \frac{d}{dy}(\sin^{-1} y) = \frac{1}{\sqrt{1 - y^2}}.$$

次に，$y = \cos x \, (0 \leqq x \leqq \pi)$ の逆関数が $x = \cos^{-1} y$ であることから，

$$\frac{d}{dy}(\cos^{-1} y) = \frac{dx}{dy} = \frac{1}{\dfrac{dy}{dx}} = \frac{1}{-\sin x} = \frac{-1}{\sqrt{1 - y^2}}.$$

さらに，$y = \tan x \; \left(-\dfrac{\pi}{2} < x < \dfrac{\pi}{2}\right)$ の逆関数が $x = \tan^{-1} y$ だから，

$$\frac{d}{dy}(\tan^{-1} y) = \frac{dx}{dy} = \frac{1}{\dfrac{dy}{dx}} = \frac{1}{\sec^2 x} = \frac{1}{1+\tan^2 x} = \frac{1}{1+y^2}.$$

以上をまとめて，

定理 3.1.10 $(\sin^{-1} x)' = \dfrac{1}{\sqrt{1-x^2}}$, $\quad (\cos^{-1} x)' = -\dfrac{1}{\sqrt{1-x^2}}$,

$\qquad\qquad (\tan^{-1} x)' = \dfrac{1}{1+x^2}.$

例 3.1.3 $(\sin^{-1}(2x-1))' = \dfrac{(2x-1)'}{\sqrt{1-(2x-1)^2}} = \dfrac{2}{\sqrt{4x-4x^2}} = \dfrac{1}{\sqrt{x-x^2}}$, $\quad (\tan^{-1}\sqrt{x}\,)' = \dfrac{(\sqrt{x}\,)'}{1+(\sqrt{x})^2} = \dfrac{1}{2\sqrt{x}\,(1+x)}.$

3.2 高次導関数

関数 $y = f(x)$ の導関数 $f'(x)$ を微分したものが $f''(x)$ であるが，これをさらに次々に微分してできる関数を $f'''(x), f''''(x)$ または $f^{(4)}(x), f^{(5)}(x), \cdots$，一般に $f^{(n)}(x)$ と書いて，これらを高次導関数といい，$f^{(n)}(x)$ を第 n 次導関数という．また，$f'''(x), f''''(x), \cdots, f^{(n)}(x)$ をそれぞれ $\dfrac{d^3 y}{dx^3}, \dfrac{d^4 y}{dx^4}, \cdots, \dfrac{d^n y}{dx^n}$ とも書く．$f^{(n)}(x)$ が存在して連続のとき，$f(x)$ は C^n 級の関数であるという．

次に簡単な関数について，高次導関数を求めてみよう．

例 3.2.1 $y = x^a$.

$y' = ax^{a-1}, y'' = a(a-1)x^{a-2}, y''' = a(a-1)(a-2)x^{a-3}, \cdots$.

一般に，$y^{(n)} = a(a-1)(a-2)\cdots(a-n+1)x^{a-n}$.

例 3.2.2 $y = \log x$.

$y' = \dfrac{1}{x} = x^{-1}, y'' = -x^{-2}, y''' = 2x^{-3}, y'''' = -2 \cdot 3 x^{-4}, \cdots$.

一般に，$y^{(n)} = (-1)^{n-1}(n-1)! x^{-n}$.

例 3.2.3　$y = e^{ax}$ (a は定数).
$$y' = ae^{ax}, y'' = a^2 e^{ax}, \cdots, \text{一般に } y^{(n)} = a^n e^{ax}.$$

例 3.2.4　$y = \sin x$.
$$y' = \cos x, y'' = -\sin x, y''' = -\cos x, y'''' = \sin x.$$
$y^{(5)}$ 以上はこの繰り返しである．しかし，
$$y' = \cos x = \sin\left(x + \frac{\pi}{2}\right).$$
すなわち，$\sin x$ は微分することによって x が $\frac{\pi}{2}$ だけ増すことに注意すれば，
$$y^{(n)} = \sin\left(x + n\frac{\pi}{2}\right).$$
同様に，$y = \cos x$ とおけば，$y^{(n)} = \cos\left(x + n\frac{\pi}{2}\right)$.

問 3.1　次の関数の高階導関数を求めよ．
(1) $\cos x$. 　(2) $\log(1+x)$.

定理 3.2.1　$f = f(x), g = g(x)$ が n 回微分可能のとき，
(1) $(f+g)^{(n)} = f^{(n)} + g^{(n)}$.
(2) $(fg)^{(n)} = f^{(n)}g + {}_nC_1 f^{(n-1)}g' + {}_nC_2 f^{(n-2)}g'' + \cdots$
$$+ {}_nC_r f^{(n-r)} g^{(r)} + \cdots + fg^{(n)}.$$

証明　(1) は明らかである．
(2) は，数学的帰納法によって，次のようにして証明できる．
　まず，$n = 1$ のときは，$(fg)' = f'g + fg'$ で正しい．
次に，n のとき成り立つとして，(2) の式を微分すると，
$$(fg)^{(n+1)} = (f^{(n)}g + {}_nC_1 f^{(n-1)}g' + \cdots + {}_nC_r f^{(n-r)}g^{(r)} + \cdots + fg^{(n)})'.$$
右辺を計算するのに，
$$(f^{(n-r)}g^{(r)})' = f^{(n-r+1)}g^{(r)} + f^{(n-r)}g^{(r+1)}, \; {}_nC_r + {}_nC_{r+1} = {}_{n+1}C_{r+1}$$

であることを用いると，
$$f^{(n+1)}g + {}_{n+1}C_1 f^{(n)}g' + {}_{n+1}C_2 f^{(n-1)}g''$$
$$+ \cdots + {}_{n+1}C_r f^{(n-r+1)}g^{(r)} + \cdots + fg^{(n+1)}$$
となって証明が済む． ∎

定理 3.2.1 によって，次のような計算ができる．

例 3.2.5 $y = \dfrac{1}{x^2 - 1}$．

これを，$y = \dfrac{1}{2}\left(\dfrac{1}{x-1} - \dfrac{1}{x+1}\right) = \dfrac{1}{2}((x-1)^{-1} - (x+1)^{-1})$
と変形すれば，
$$((x-1)^{-1})^{(n)} = (-1)^n n! (x-1)^{-(n+1)},$$
$$((x+1)^{-1})^{(n)} = (-1)^n n! (x+1)^{-(n+1)}$$
であることから，
$$y^{(n)} = \frac{(-1)^n}{2} n! \left((x-1)^{-(n+1)} - (x+1)^{-(n+1)}\right)$$
$$= \frac{(-1)^n}{2} n! \left(\frac{1}{(x-1)^{n+1}} - \frac{1}{(x+1)^{n+1}}\right).$$

例 3.2.6 $y = \sin x \sin 2x$．

これを，$y = \dfrac{1}{2}(\cos x - \cos 3x)$ と変形し，p.36 の問 3.1 によって，
$(\cos x)^{(n)} = \cos\left(x + n\dfrac{\pi}{2}\right)$, $(\cos 3x)^{(n)} = 3^n \cos\left(3x + n\dfrac{\pi}{2}\right)$
であることから，
$$y^{(n)} = \frac{1}{2}\left(\cos\left(x + n\frac{\pi}{2}\right) - 3^n \cos\left(3x + n\frac{\pi}{2}\right)\right).$$

例 3.2.5, 例 3.2.6 の y はどちらも簡単に微分できる関数の積である．実際，例 3.2.5 では，$\dfrac{1}{x^2-1} = \dfrac{1}{x-1} \cdot \dfrac{1}{x+1}$ である．これを，定理 3.2.1 (2) を使って $y^{(n)}$ を求めると長い式になってしまう．ところが，上のように和の形に直して定理 3.2.1 (1) を使うと簡単に得られる．しかし，次のような例では，定理 3.2.1 (2) を使わなければならない．

> **例 3.2.7** $y = x^2 e^x$.
>
> $f = e^x, g = x^2$ とおけば, $f^{(r)} = e^x$ $(r = 1, 2, \cdots), g' = 3x$, $g'' = 2, g'''$ 以下は 0. ゆえに,
> $$y^{(n)} = e^x x^2 + {}_n C_1 e^x \cdot 2x + {}_n C_2 e^x \cdot 2$$
> $$= e^x(x^2 + 2nx + n(n-1)).$$

問 3.2 $P_n(x) = \dfrac{1}{2^n n!} \dfrac{d^n}{dx^n}(x^2-1)^n$ $(n = 0, 1, 2, \cdots)$ を n 次のルジャンドル (Legendre) 多項式という. $P_n(x)$ が
$$(x^2-1)P_n''(x) + 2xP_n'(x) - n(n+1)P_n(x) = 0$$
をみたすことを示せ.

3.2.1 関数空間

上の例 3.2.5, 例 3.2.6 で計算の根拠となったのは微分法の線形性
$$(c_1 f_1 + c_2 f_2)' = c_1 f_1' + c_2 f_2' \quad (c_1, c_2 \text{ は定数})$$
であった. このような性質を深く追究していくときは, 関数を広い意味でのベクトルと考え, その集合をベクトル空間と考えて扱うのがよい. これが関数空間である.

一般に, 関数の集合 F があって,
$$f_1 \in F, f_2 \in F \text{ ならば}, c_1 f_1 + c_2 f_2 \in F \quad (c_1, c_2 \text{ は定数})$$
のとき, F を関数空間という. たとえば, $[a,b]$ で定義された関数の全体, 連続関数の全体, 微分可能な関数の全体, C^n 級の関数全体などは, それぞれ関数空間をなしている. 微分法は, 微分可能な関数全体の作る関数空間から, 関数全体の中への写像で, しかも線形性をもったものなのである.

3.3 e^{ix}

これまでは, すべて実数の範囲で考えてきたが, ここでは変数 x はやはり実数として, 複素数の値をとる関数,
$$f(x) = u(x) + iv(x) \quad (u(x), v(x) \text{ は実数値をとる関数}, i = \sqrt{-1})$$

を考えてみよう．このとき，$f(x)$ の導関数 $f'(x)$ を
$$f'(x) = u'(x) + iv'(x) \tag{3.2}$$
によって定義すると，微分法におけるこれまでの公式は，すべて成り立っている．それは，複素数の計算では，i を普通の数のように扱い，その上で $i^2 = -1$ として考えるのであるが，(3.2) は $(u+iv)' = u' + iv'$ ということで，これも i を普通の実数と同じに扱うことを意味するからである．そこで，
$$f(x) = \cos x + i\sin x$$
を考えてみよう．このときは，三角関数の加法定理によって，$f(x+y) = f(x)f(y)$ となっている．したがって，
$$e^{ix} = \cos x + i\sin x$$
によって e^{ix} を定義すると，
$$e^{i(x+y)} = e^{ix} \cdot e^{iy} \tag{3.3}$$
となる．この関数では，
$$f'(x) = (\cos x + i\sin x)' = (\cos x)' + i(\sin x)'$$
$$= -\sin x + i\cos x = i(\cos x + i\sin x).$$
すなわち，
$$(e^{ix})' = ie^{ix} \tag{3.4}$$
となる．$e^{i\frac{\pi}{2}} = \cos\frac{\pi}{2} + i\sin\frac{\pi}{2} = i$ だから，(3.3) によって，上の式は，
$$(e^{ix})' = e^{i(x+\frac{\pi}{2})}$$
と書いてもよい．

さらに，$a = p + qi$ (p, q は実数) に対して
$$e^a = e^p e^{iq} = e^p(\cos q + i\sin q)$$
によって e^a を定義すると，複素数 α, β に対して
$$e^{\alpha+\beta} = e^\alpha \cdot e^\beta.$$

定理 3.3.1 α が複素数のとき，$(e^{\alpha x})' = \alpha e^{\alpha x}$.

証明 $\alpha = p + qi$ (p, q は実数) とおくと,
$$(e^{\alpha x})' = (e^{(p+qi)x})' = (e^{px} \cdot e^{iqx})'$$
$$= (e^{px})' e^{iqx} + e^{px}(e^{iqx})'.$$

(3.4) によって, $(e^{iqx})' = ie^{iqx} \cdot (qx)' = iqe^{iqx}$.

だから
$$(e^{\alpha x})' = pe^{px}e^{iqx} + e^{px}iqe^{iqx}$$
$$= (p+qi)e^{(p+qi)x} = \alpha e^{\alpha x}.$$

第 3 章 演習問題

1. 次の関数を微分せよ．
   (1) $\cot x$. (2) $\sec x$. (3) $\operatorname{cosec} x$. (4) $\dfrac{\sin x}{\sqrt{a^2 \cos^2 x + b^2 \sin^2 x}}$.
   (5) $\log \sqrt{\dfrac{1+\sin x}{1-\sin x}}$. (6) $x^{\frac{1}{x}}$. (7) $x^{\sin x}$ ($x > 0$). (8) $x \sin^{-1} x$.
   (9) $(\tan^{-1} x)^2$ (10) $\sin^{-1}\left(\dfrac{1-x}{1+x}\right)$ ($x > 0$). (11) $\tan^{-1}\left(\dfrac{a}{b}\tan x\right)$

2. y が u の関数で，u が x の関数のとき
$$\frac{d^2 y}{dx^2} = \frac{d^2 y}{du^2}\left(\frac{du}{dx}\right)^2 + \frac{dy}{du}\frac{d^2 u}{dx^2},$$
$$\frac{d^3 y}{dx^3} = \frac{d^3 y}{du^3}\left(\frac{du}{dx}\right)^3 + 3\frac{d^2 y}{du^2}\frac{du}{dx}\frac{d^2 u}{dx^2} + \frac{dy}{du}\frac{d^3 u}{dx^3}$$
を証明せよ．

3. x の関数 y が媒介変数 t について
$$x = a(t - \sin t), \ y = a(1 - \cos t)$$
と表されているとき，$\dfrac{dy}{dx}, \dfrac{d^2 y}{dx^2}$ を求めよ．

4. 次の関数の n 階導関数を求めよ．
   (1) $\cos^2 x$. (2) $e^x \sin x$.

5. $f(x) = \tan^{-1} x$ について
   (1) $(1 + x^2)f^{(n+2)}(x) + 2(n+1)x f^{(n+1)}(x) + n(n+1)f^{(n)}(x) = 0$ ($n \geqq 0$)
   をみたすことを示せ．
   (2) (1) を利用して $f^{(n)}(0)$ を求めよ．

4 偏微分法

4.1 偏導関数，高階偏導関数

この章では 2 変数の関数や 3 変数の関数，さらには n 変数の関数の微分法について学びたい．

2 変数の関数
$$z = f(x, y)$$
において，y を定数とみて，x だけの関数と考えて x で微分可能ならば，x について **偏微分可能**といい
$$\frac{\partial z}{\partial x}, \frac{\partial f}{\partial x}, z_x, f_x$$
などと書く．また x を固定して y で微分したものを
$$\frac{\partial z}{\partial y}, \frac{\partial f}{\partial y}, z_y, f_y$$
などと書く．これらを z の **偏導関数**という．偏導関数を求めることを**偏微分**するという．

> **例 4.1.1** $z = 3x + 2y$ のとき，$\dfrac{\partial z}{\partial x} = 3, \dfrac{\partial z}{\partial y} = 2$.

> **例 4.1.2** $z = x^2 + 2xy + 4y^2$ のとき，$\dfrac{\partial z}{\partial x} = 2x + 2y, \dfrac{\partial z}{\partial y} = 2x + 8y$.

> **例 4.1.3** a, b は定数とし，$f(u)$ は u について微分可能とする．$z = f(ax + by)$ のとき，$u = ax + by$ とおけば，$z = f(u)$ で
> $$\frac{\partial z}{\partial x} = f'(u)\frac{\partial u}{\partial x} = f'(u)a.$$
> 同様にして $\dfrac{\partial z}{\partial y} = f'(u)\dfrac{\partial u}{\partial y} = f'(u)b$．したがって，$b\dfrac{\partial z}{\partial x} = a\dfrac{\partial z}{\partial y}$ が示される．

問 4.1 a, b, c, d は定数とするとき，次の関数の偏導関数を求めよ．
(1) $ax^3 + bx^2y + cy^3$．(2) $\dfrac{ax + by}{cx + dy}$．(3) $\sqrt{x^2 - y^2}$．

問 4.2 次を証明せよ．
(1) $z = f(xy)$ のとき，$x\dfrac{\partial z}{\partial x} = y\dfrac{\partial z}{\partial y}$．
(2) $z = x^n f\left(\dfrac{y}{x}\right)$ のとき，$x\dfrac{\partial z}{\partial x} + y\dfrac{\partial z}{\partial y} = nz$．

次に，$z = f(x, y)$ の偏導関数 $\dfrac{\partial z}{\partial x}, \dfrac{\partial z}{\partial y}$ が x, y について偏微分可能なとき，それらをさらに x, y で偏微分したものを考え，

$$\frac{\partial}{\partial x}\left(\frac{\partial z}{\partial x}\right) を \frac{\partial^2 z}{\partial x^2}, z_{xx}, \quad \frac{\partial}{\partial y}\left(\frac{\partial z}{\partial x}\right) を \frac{\partial^2 z}{\partial y \partial x}, z_{xy},$$
$$\frac{\partial}{\partial x}\left(\frac{\partial z}{\partial y}\right) を \frac{\partial^2 z}{\partial x \partial y}, z_{yx}, \quad \frac{\partial}{\partial y}\left(\frac{\partial z}{\partial y}\right) を \frac{\partial^2 z}{\partial y^2}, z_{yy}$$

などと書き，**2 階偏導関数**という．

これらを次々に偏微分したものを **3 階偏導関数，4 階偏導関数，$\cdots$，n 階偏導関数**といい，それらを総称して**高階偏導関数**という．

> **例 4.1.4** a, b, c, f, g, h が定数で $z = ax^2 + 2hxy + by^2 + 2gx + 2fy + c$ のとき，
> $$\frac{\partial z}{\partial x} = 2(ax + hy + g), \quad \frac{\partial z}{\partial y} = 2(hx + by + f).$$
> $$\frac{\partial^2 z}{\partial x^2} = 2a, \quad \frac{\partial^2 z}{\partial y \partial x} = 2h, \quad \frac{\partial^2 z}{\partial x \partial y} = 2h, \quad \frac{\partial^2 z}{\partial y^2} = 2b.$$

例 4.1.5 $z = \log(x^2 + y^2)$ のとき,
$$\frac{\partial z}{\partial x} = \frac{2x}{x^2 + y^2}, \frac{\partial z}{\partial y} = \frac{2y}{x^2 + y^2}.$$
$$\frac{\partial^2 z}{\partial x^2} = \frac{\partial}{\partial x}\left(\frac{\partial z}{\partial x}\right) = \frac{\partial}{\partial x}\left(\frac{2x}{x^2 + y^2}\right)$$
$$= \frac{2(x^2 + y\ 2) - 2x \cdot 2x}{(x^2 + y^2)^2} = \frac{2y^2 - 2x^2}{(x^2 + y^2)^2}.$$
同様にして, $\dfrac{\partial^2 z}{\partial y^2} = \dfrac{2x^2 - 2y^2}{(x^2 + y^2)^2}.$
したがって, $\dfrac{\partial^2 z}{\partial x^2} + \dfrac{\partial^2 z}{\partial y^2} = 0$ が示される.

問 4.3 次の関数の 2 階偏導関数を求めよ.
(1) $x^3 - 6xy + y^3$. (2) $\sin(3x + 2y)$. (3) $\sqrt{xy}$.

問 4.4 c は定数とするとき, x, t の関数 $u = f(x + ct) + g(x - ct)$ について,
$$\frac{\partial^2 u}{\partial t^2} = c^2 \frac{\partial^2 u}{\partial x^2}$$
が成り立つことを証明せよ. ただし, f, g は 2 階微分可能とする.

例 4.1.6 問 4.3 から, $z = f(x, y)$ について $z_{xy} = z_{yx}$ であることが予想される.

これについて, 次の定理が成り立つ.

定理 4.1.1 $z = f(x, y)$ について, $\dfrac{\partial^2 z}{\partial y \partial x}, \dfrac{\partial^2 z}{\partial x \partial y}$ がともに連続ならば
$$\frac{\partial^2 z}{\partial y \partial x} = \frac{\partial^2 z}{\partial x \partial y}.$$

証明 $\Delta = f(x + h, y + k) - f(x + h, y) - f(x, y + k) + f(x, y)$ とおく. いま,
$$\varphi(x) = f(x, y + k) - f(x, y)$$

とおけば，$\Delta = \varphi(x+h) - \varphi(x)$. 平均値の定理によって，
$$\Delta = \varphi'(x+\theta_1 h)h \quad (0 < \theta_1 < 1).$$
ゆえに，$\Delta = (f_x(x+\theta_1 h, y+k) - f_x(x+\theta_1 h, y))h$. 再び，平均値の定理を使って
$$\Delta = f_{xy}(x+\theta_1 h, y+\theta_2 k)hk \quad (0 < \theta_2 < 1).$$
ゆえに，$f_{xy} = \dfrac{\partial^2 z}{\partial y \partial x}$ が連続であることから，
$$\lim_{h \to 0, k \to 0} \frac{\Delta}{hk} = f_{xy}(x, y). \tag{4.1}$$
次に，
$$\psi(y) = f(x+h, y) - f(x, y)$$
とおけば，
$$\Delta = \psi(y+k) - \psi(y).$$
これから，上と同様にして，
$$\Delta = f_{yx}(x+\theta_3 h, y+\theta_4 k)hk \quad (0 < \theta_3 < 1, 0 < \theta_4 < 1).$$
ゆえに，$f_{yx} = \dfrac{\partial^2 z}{\partial x \partial y}$ が連続であることから，
$$\lim_{h \to 0, k \to 0} \frac{\Delta}{hk} = f_{yx}(x, y). \tag{4.2}$$
(4.1), (4.2) により $f_{xy} = f_{yx}$.

注意 一般には，$f_{xy} = f_{yx}$ とは限らない．たとえば，次のような例がある．
$$f(x, y) = \begin{cases} \dfrac{xy(x^2 - y^2)}{x^2 + y^2} & (x, y) \neq (0, 0) \\ 0 & (x, y) = (0, 0) \end{cases}$$
について
$$f_x(0, y) = \lim_{h \to 0} \frac{f(h, y) - f(0, y)}{h} = \lim_{h \to 0} \frac{y(h^2 - y^2)}{h^2 + y^2} = -y,$$
$$f_{xy}(0, 0) = \lim_{k \to 0} \frac{f_x(0, k) - f_x(0, 0)}{k} = \lim_{k \to 0} \frac{-k}{k} = -1,$$
$$f_y(x, 0) = \lim_{k \to 0} \frac{f(x, k) - f(x, 0)}{k} = \lim_{k \to 0} \frac{x(x^2 - k^2)}{x^2 + k^2} = x,$$
$$f_{yx}(0, 0) = \lim_{h \to 0} \frac{f_y(h, 0) - f_y(0, 0)}{h} = \lim_{h \to 0} \frac{h}{h} = 1.$$
すなわち，$f_{xy}(0, 0) \neq f_{yx}(0, 0)$.

$z = f(x, y)$ を 3 回偏微分したものは，
$$z_{xxx}, z_{xxy}, z_{xyx}, z_{xyy}, z_{yxx}, z_{yxy}, z_{yyx}, z_{yyy}$$
と 8 個あるが，これらがすべて連続のときは，定理 4.1.1 によって，
$$z_{xxx}, z_{xxy} = z_{xyx} = z_{yxx}, z_{xyy} = z_{yxy} = z_{yyx}, z_{yyy}$$
の 4 個に帰着する．これらをそれぞれ，
$$\frac{\partial^3 z}{\partial x^3}(= z_{xxx}),\ \frac{\partial^3 z}{\partial x^2 \partial y}(= z_{yxx}),\ \frac{\partial^3 z}{\partial x \partial y^2}(= z_{yyx}),\ \frac{\partial^3 z}{\partial y^3}(= z_{yyy})$$
と書くことにする．4 回以上偏微分したものについても，同様である．一般に，$u = f(x_1, x_2, \cdots, x_n)$ を x_i ($i = 1, 2, \cdots, n$) で偏微分したものを $\dfrac{\partial u}{\partial x_i}$ または u_{x_i} と書く．また，まず x_i で偏微分し，次に x_j で偏微分したものを $\dfrac{\partial^2 u}{\partial x_j \partial x_i}$ と書く．2 回偏微分したものが連続のときは，定理 4.1.1 により，
$$\frac{\partial^2 u}{\partial x_j \partial x_i} = \frac{\partial^2 u}{\partial x_i \partial x_j}$$
である．今後扱うのはこのような関数とする．

問 4.5 次の関数の 1 階および 2 階の偏導関数を求めよ．
(1) $x^2 + y^2 + z^2 - xy - xz - yz$.　　(2) $\log \sqrt{x^2 + y^2}$.

4.2　合成関数の微分法

4.2.1　合成関数の微分法

(x, y) の関数 $z = f(x, y)$ および，t の関数 $\varphi(t), \psi(t)$ があるとき，
$$x = \varphi(t),\ y = \psi(t)$$
を上の式に代入すれば，z は t の関数になる．この関数を t で微分することを考えよう．

定理 4.2.1　$z = f(x, y)$ の偏導関数が連続，$x = \varphi(t), y = \psi(t)$ が微分可能ならば，t の関数 $z = f(\varphi(t), \psi(t))$ について
$$\frac{dz}{dt} = \frac{\partial z}{\partial x}\frac{dx}{dt} + \frac{\partial z}{\partial y}\frac{dy}{dt}.$$

証明　t の増分が Δt のとき，x, y の増分をそれぞれ $\Delta x, \Delta y$，これに対応する z の増分を Δz とすれば，
$$\Delta z = f(x + \Delta x, y + \Delta y) - f(x, y).$$

これを次のように変形する.
$$\Delta z = \{f(x+\Delta x, y+\Delta y) - f(x, y+\Delta y)\} + \{f(x, y+\Delta y) - f(x, y)\}.$$
平均値の定理によって,
$$\Delta z = f_x(x+\theta_1\Delta x, y+\Delta y)\Delta x + f_y(x, y+\theta_2\Delta y)\Delta y$$
$$(0 < \theta_1 < 1,\ 0 < \theta_2 < 1).$$
したがって,
$$\frac{\Delta z}{\Delta t} = f_x(x+\theta_1\Delta x, y+\Delta y)\frac{\Delta x}{\Delta t} + f_y(x, y+\theta_2\Delta y)\frac{\Delta y}{\Delta x}. \quad (4.3)$$
$x = \varphi(t), y = \psi(t)$ が微分可能であるから
$$\lim_{\Delta t \to 0} \frac{\Delta x}{\Delta t} = \varphi'(t),\ \lim_{\Delta t \to 0} \frac{\Delta y}{\Delta t} = \psi'(t).$$
また $\lim_{\Delta t \to 0} \Delta x = 0, \lim_{\Delta t \to 0} \Delta y = 0, f_x(x,y), f_y(x,y)$ が連続関数であることから, $\Delta t \to 0$ とすると (4.3) によって
$$\frac{dz}{dt} = f_x(x,y)\varphi'(t) + f_y(x,y)\psi'(t).$$

3 変数以上の関数についても同様である.

例 4.2.1 $z = f(t^2, t^3)$ のとき, $\dfrac{dt^2}{dt} = 2t, \dfrac{dt^3}{dt} = 3t^2$ だから,
$$\frac{dz}{dt} = 2tf_x(t^2, t^3) + 3t^2 f_y(t^2, t^3).$$

問 4.6 次の関数について $\dfrac{dz}{dt}$ を求めよ.

(1) $z = f(\cos t, \sin t)$. (2) $z = f(at, bt)$ (a, b は定数).

次に
$$z = f(x, y)$$
は 2 階偏導関数が連続,
$$x = \varphi(t), y = \psi(t)$$
は 2 回微分可能とし, $z = f(\varphi(t), \psi(t))$ を考えると, まず,
$$\frac{dz}{dt} = \frac{\partial z}{\partial x}\frac{dx}{dt} + \frac{\partial z}{\partial x}\frac{dy}{dt}.$$
これをさらに t で微分すると

$$\frac{d^2z}{dt^2} = \frac{d}{dt}\left(\frac{\partial z}{\partial x}\right)\frac{dx}{dt} + \frac{\partial z}{\partial x}\frac{d^2x}{dt^2} + \frac{d}{dt}\left(\frac{\partial z}{\partial y}\right)\frac{dy}{dt} + \frac{\partial z}{\partial y}\frac{d^2y}{dt^2}.$$

ところが，$\dfrac{\partial z}{\partial x}$ を定理 4.2.1 の z にとると

$$\frac{d}{dt}\left(\frac{\partial z}{\partial x}\right) = \frac{\partial}{\partial x}\left(\frac{\partial z}{\partial x}\right)\frac{dx}{dt} + \frac{\partial}{\partial y}\left(\frac{\partial z}{\partial x}\right)\frac{dy}{dt}$$
$$= \frac{\partial^2 z}{\partial x^2}\frac{dx}{dt} + \frac{\partial^2 z}{\partial y \partial x}\frac{dy}{dt}.$$

同様に

$$\frac{d}{dt}\left(\frac{\partial z}{\partial y}\right) = \frac{\partial}{\partial x}\left(\frac{\partial z}{\partial y}\right)\frac{dx}{dt} + \frac{\partial}{\partial y}\left(\frac{\partial z}{\partial y}\right)\frac{dy}{dt}$$
$$= \frac{\partial^2 z}{\partial x \partial y}\frac{dx}{dt} + \frac{\partial^2 z}{\partial y^2}\frac{dy}{dt}.$$

$\dfrac{\partial^2 z}{\partial y \partial x} = \dfrac{\partial^2 z}{\partial x \partial y}$ だから

$$\frac{d^2z}{dt^2} = \frac{\partial^2 z}{\partial x^2}\left(\frac{dx}{dt}\right)^2 + 2\frac{\partial^2 z}{\partial x \partial y}\frac{dx}{dt}\frac{dy}{dt}$$
$$+ \frac{\partial^2 z}{\partial y^2}\left(\frac{dy}{dt}\right)^2 + \frac{\partial z}{\partial x}\frac{d^2x}{dt^2} + \frac{\partial z}{\partial y}\frac{d^2y}{dt^2}.$$

問 4.7 次の関数について $\dfrac{d^2z}{dt^2}$ を求めよ．
(1) $z = f(\cos t, \sin t)$.　　(2) $z = f(at, bt)$　　(a, b は定数).

例 4.2.2 $z = f(x, y)$ が任意の t に対して
$$f(tx, ty) = t^\alpha f(x, y) (\alpha\text{は定数})$$
をみたすとき，$f(x, y)$ は **α 次の同次関数**であるという．

$z = f(x, y)$ が 2 階の偏導関数が連続な α 次の同次関数のとき，x, y を定数とみて
$$f(tx, ty) = t^\alpha f(x, y)$$
の両辺を t で微分すると $\dfrac{d}{dt}(tx) = x, \dfrac{d}{dt}(ty) = y$ だから
$$f_x(tx, ty)x + f_y(tx, ty)y = \alpha t^{\alpha-1} f(x, y). \tag{4.4}$$

$t = 1$ とおけば，
$$f_x(x,y)x + f_y(x,y)y = \alpha f(x,y).$$
すなわち，$x\dfrac{\partial z}{\partial x} + y\dfrac{\partial z}{\partial y} = \alpha z$ が示される．

次に，(4.4) の両辺を t で微分すれば
$$f_{xx}(tx,ty)x^2 + 2f_{xy}(tx,ty)xy + f_{yy}f(tx,ty)y^2 = \alpha(\alpha-1)t^{\alpha-2}f(x,y).$$
$t = 1$ とおけば
$$f_{xx}(x,y)x^2 + 2f_{xy}(x,y)xy + f_{yy}f(x,y)y^2 = \alpha(\alpha-1)f(x,y).$$
すなわち，$x^2\dfrac{\partial^2 z}{\partial x^2} + 2xy\dfrac{\partial^2 z}{\partial x \partial y} + y^2\dfrac{\partial^2 z}{\partial y^2} = \alpha(\alpha-1)z$ が示される．

問 4.8 次の関数は何次の同次関数であるか．
(1) $f(x,y) = \sqrt{\dfrac{x-y}{x+y}}$. (2) $f(x,y) = \dfrac{x^2 - y^2}{2x + 3y}$.

以下，現れる導関数，偏導関数はすべて連続であると仮定する．

4.2.2 変数の変換

次に，$z = f(x,y)$ において $x = \varphi(u,v), y = \psi(u,v)$ のとき，u, v の関数
$$z = f(\varphi(u,v), \psi(u,v))$$
については，定理 4.2.1 から
$$\frac{\partial z}{\partial u} = \frac{\partial z}{\partial x}\frac{\partial x}{\partial u} + \frac{\partial z}{\partial y}\frac{\partial y}{\partial u}, \quad \frac{\partial z}{\partial v} = \frac{\partial z}{\partial x}\frac{\partial x}{\partial v} + \frac{\partial z}{\partial y}\frac{\partial y}{\partial v}.$$
行列を使うと，
$$\begin{pmatrix} \dfrac{\partial z}{\partial u} \\ \dfrac{\partial z}{\partial v} \end{pmatrix} = \begin{pmatrix} \dfrac{\partial x}{\partial u} & \dfrac{\partial y}{\partial u} \\ \dfrac{\partial x}{\partial v} & \dfrac{\partial y}{\partial v} \end{pmatrix} \begin{pmatrix} \dfrac{\partial z}{\partial x} \\ \dfrac{\partial z}{\partial y} \end{pmatrix}$$
と表される．このとき右辺の 2 行 2 列の行列の転置行列を**ヤコビ (Jacob) 行列**，その行列式
$$\frac{\partial(x,y)}{\partial(u,v)} = \begin{vmatrix} \dfrac{\partial x}{\partial u} & \dfrac{\partial x}{\partial v} \\ \dfrac{\partial y}{\partial u} & \dfrac{\partial y}{\partial v} \end{vmatrix}$$
を **ヤコビの行列式**，または **ヤコビアン**という．

問 4.9 次の関数について，$\dfrac{\partial(x,y)}{\partial(u,v)}$ を求めよ．

(1) $x = pu + qv, y = ru + sv$ (p, q, r, s は定数)．

(2) $x = u\cos v, y = u\sin v$．

問 4.10 x, y が u, v の関数，u, v が λ, μ の関数のとき，x, y は λ, μ の関数と考えられる．このとき，次の式が成り立つことを示せ．

$$\frac{\partial(x,y)}{\partial(\lambda,\mu)} = \frac{\partial(x,y)}{\partial(u,v)} \cdot \frac{\partial(u,v)}{\partial(\lambda,\mu)}.$$

問 4.11 x, y が u, v の関数，逆に u, v が x, y の関数と考えられるとき

$$\frac{\partial(u,v)}{\partial(x,y)} \cdot \frac{\partial(x,y)}{\partial(u,v)} = 1$$

であることを示せ．

2 階の偏導関数については，p.46 と同様に

$$\frac{\partial^2 z}{\partial u^2} = \frac{\partial^2 z}{\partial x^2}\left(\frac{\partial x}{\partial u}\right)^2 + 2\frac{\partial^2 z}{\partial x \partial y}\frac{\partial x}{\partial u}\frac{\partial y}{\partial u} + \frac{\partial^2 z}{\partial y^2}\left(\frac{\partial y}{\partial u}\right)^2$$
$$+ \frac{\partial z}{\partial x}\frac{\partial^2 x}{\partial u^2} + \frac{\partial z}{\partial y}\frac{\partial^2 y}{\partial u^2},$$

$$\frac{\partial^2 z}{\partial v^2} = \frac{\partial^2 z}{\partial x^2}\left(\frac{\partial x}{\partial v}\right)^2 + 2\frac{\partial^2 z}{\partial x \partial y}\frac{\partial x}{\partial v}\frac{\partial y}{\partial v} + \frac{\partial^2 z}{\partial y^2}\left(\frac{\partial y}{\partial v}\right)^2$$
$$+ \frac{\partial z}{\partial x}\frac{\partial^2 x}{\partial v^2} + \frac{\partial z}{\partial y}\frac{\partial^2 y}{\partial v^2},$$

$$\frac{\partial^2 z}{\partial u \partial v} = \frac{\partial^2 z}{\partial x^2}\frac{\partial x}{\partial u}\frac{\partial x}{\partial v} + \frac{\partial^2 z}{\partial x \partial y}\left(\frac{\partial x}{\partial u}\frac{\partial y}{\partial v} + \frac{\partial x}{\partial v}\frac{\partial y}{\partial u}\right)$$
$$+ \frac{\partial^2 z}{\partial y^2}\frac{\partial y}{\partial u}\frac{\partial y}{\partial v} + \frac{\partial z}{\partial x}\frac{\partial^2 x}{\partial u}\partial v + \frac{\partial z}{\partial y}\frac{\partial^2 y}{\partial u \partial v}$$

が成り立つ．

例 4.2.3 $z = f(x, y)$ において

$$x = r\cos\theta, y = r\sin\theta$$

とおけば，z は r, θ の関数になる．このとき，z を x, y の関数とみた

ときと，r, θ の関数とみたときの偏導関数の間には，
$$\frac{\partial z}{\partial r} = \frac{\partial z}{\partial x}\frac{\partial x}{\partial r} + \frac{\partial z}{\partial y}\frac{\partial y}{\partial r} = \frac{\partial z}{\partial x}\cos\theta + \frac{\partial z}{\partial y}\sin\theta, \quad (4.5)$$

$$\frac{\partial z}{\partial \theta} = \frac{\partial z}{\partial x}\frac{\partial x}{\partial \theta} + \frac{\partial z}{\partial y}\frac{\partial y}{\partial \theta} = \frac{\partial z}{\partial x}(-r\sin\theta) + \frac{\partial z}{\partial y}r\cos\theta \quad (4.6)$$

から，
$$\left(\frac{\partial z}{\partial r}\right)^2 + \left(\frac{1}{r}\frac{\partial z}{\partial \theta}\right)^2 = \left(\frac{\partial z}{\partial x}\right)^2 + \left(\frac{\partial z}{\partial y}\right)^2$$

という関係が成り立つ．

次に，(4.5) から
$$\frac{\partial^2 z}{\partial r^2} = \frac{\partial}{\partial r}\left(\frac{\partial z}{\partial r}\right) = \frac{\partial}{\partial r}\left(\frac{\partial z}{\partial x}\cos\theta + \frac{\partial z}{\partial y}\sin\theta\right) \quad (4.7)$$

$$= \left(\frac{\partial^2 z}{\partial x^2}\frac{\partial x}{\partial r} + \frac{\partial^2 z}{\partial y}\partial x\frac{\partial y}{\partial r}\right)\cos\theta + \left(\frac{\partial^2 z}{\partial x \partial y}\frac{\partial x}{\partial r} + \frac{\partial^2 z}{\partial y^2}\frac{\partial y}{\partial r}\right)\sin\theta$$

$$= \frac{\partial^2 z}{\partial x^2}\cos^2\theta + 2\frac{\partial^2 z}{\partial x \partial y}\cos\theta\sin\theta + \frac{\partial^2 z}{\partial y^2}\sin^2\theta.$$

(4.6) から，
$$\frac{\partial}{\partial \theta}\left(\frac{1}{r}\frac{\partial z}{\partial \theta}\right) = \frac{\partial}{\partial \theta}\left(-\frac{\partial z}{\partial x}\sin\theta + \frac{\partial z}{\partial y}\cos\theta\right) \quad (4.8)$$

$$= -\left(\frac{\partial^2 z}{\partial x^2}\frac{\partial x}{\partial \theta} + \frac{\partial^2 z}{\partial y \partial x}\frac{\partial y}{\partial \theta}\right)\sin\theta - \frac{\partial z}{\partial x}\cos\theta$$

$$+ \left(\frac{\partial^2 z}{\partial x \partial y}\frac{\partial x}{\partial \theta} + \frac{\partial^2 z}{\partial y^2}\frac{\partial y}{\partial \theta}\right)\cos\theta - \frac{\partial z}{\partial y}\sin\theta$$

$$= r\left(\frac{\partial^2 z}{\partial x^2}\sin^2\theta - 2\frac{\partial^2 z}{\partial x \partial y}\sin\theta\cos\theta + \frac{\partial^2 z}{\partial y^2}\cos^2\theta\right)$$

$$- \left(\frac{\partial z}{\partial x}\cos\theta + \frac{\partial z}{\partial y}\sin\theta\right).$$

(4.8) の両辺を r で割り，これに (4.7) を加えて，(4.5) を参照すれば
$$\frac{\partial^2 z}{\partial x^2} + \frac{\partial^2 z}{\partial y^2} = \frac{\partial^2 z}{\partial r^2} + \frac{1}{r}\frac{\partial z}{\partial r} + \frac{1}{r^2}\frac{\partial^2 z}{\partial \theta^2}$$

という関係も成り立つ．

問 4.12 関数 $z = f(x, y)$ において $x = u\cos\theta - v\sin\theta, y = u\sin\theta + v\sin\theta$ (θは定数) によって，変数を x, y から u, v に変えるとき，次の式が成り立つことを示せ．
$$\left(\frac{\partial z}{\partial x}\right)^2 + \left(\frac{\partial z}{\partial y}\right)^2 = \left(\frac{\partial z}{\partial u}\right)^2 + \left(\frac{\partial z}{\partial v}\right)^2,$$
$$\frac{\partial^2 z}{\partial x^2} + \frac{\partial^2 z}{\partial y^2} = \frac{\partial^2 z}{\partial u^2} + \frac{\partial^2 z}{\partial v^2}.$$

問 4.13 関数 $z = f(x, y)$ において $x = u+v, y = uv$ のとき，次の式を示せ．
$$\frac{\partial z}{\partial u}\frac{\partial z}{\partial v} = \left(\frac{\partial z}{\partial x}\right)^2 + x\frac{\partial z}{\partial x}\frac{\partial z}{\partial y} + y\left(\frac{\partial z}{\partial y}\right)^2,$$
$$\frac{\partial^2 z}{\partial u \partial v} = \frac{\partial^2 z}{\partial x^2} + x\frac{\partial^2 z}{\partial x \partial y} + y\frac{\partial^2}{\partial y^2} + \frac{\partial z}{\partial y}.$$

例 4.2.4 a, b が 0 でない定数のとき
$$b\frac{\partial z}{\partial x} = a\frac{\partial z}{\partial y}$$
をみたす x, y の関数を $z = f(x, y)$ とする．いま
$$ax + by = u, y = v$$
とおいて，変数を x, y から u, v に変換する．この式から
$$x = \frac{1}{a}(u - bv), y = v. \tag{4.9}$$
ゆえに，
$$z = f\left(\frac{u-bv}{a}, v\right). \tag{4.10}$$
この z を v で偏微分すると，(4.9) から
$$\frac{\partial z}{\partial v} = \frac{\partial z}{\partial x}\frac{\partial x}{\partial v} + \frac{\partial z}{\partial y}\frac{\partial y}{\partial v} = \frac{\partial z}{\partial x}\left(-\frac{b}{a}\right) + \frac{\partial z}{\partial y} = \frac{1}{a}\left(-b\frac{\partial z}{\partial x} + a\frac{\partial z}{\partial y}\right)$$
となり，仮定によって
$$\frac{\partial z}{\partial v} = 0.$$
ゆえに，(4.10) で表された z は v を含まない．すなわち，$z = f(x, y)$ は $u = ax + by$ だけの関数である．

問 4.14 $x\dfrac{\partial z}{\partial x} = y\dfrac{\partial z}{\partial y}$ のとき，z は x, y の積 xy だけの関数であることを証明せよ．

4.3 陰関数

x, y の関数 $f(x, y)$ があって
$$f(x, y) = 0$$
のとき，y を x の関数と考えられるかを調べよう．

まず，$f(x, y) = ax + by + c$ のときは，$ax + by + c = 0$ となるが，$b \neq 0$ の場合に y は x の関数となる．一般には，高校で学習した平均値の定理（詳しくは，p.77 定理 5.2.3 参照）を使うと，次の定理が成り立つ．

定理 4.3.1 $f(x, y)$ は偏導関数が連続な関数で，
$$f(x_0, y_0) = 0,\ f_y(x_0, y_0) \neq 0$$
のとき
$$y_0 = \varphi(x_0),\ f(x, \varphi(x)) = 0$$
となる微分可能な関数 $\varphi(x)$ が $x = x_0$ の近くにただ1つあって
$$\varphi'(x) = -\frac{f_x(x, \varphi(x))}{f_y(x, \varphi(x))}.$$

証明 $f_y(x_0, y_0) > 0$ として証明しよう．負の場合も同様である．$f_y(x, y)$ が連続だから，点 (x_0, y_0) を中心とする十分小さい円の内部 D では，
$$f_y(x, y) > 0.$$
特に，$f_y(x_0, y) > 0$．ゆえに，y の関数 $f(x_0, y)$ は増加関数で $f(x_0, y_0) = 0$ であることから，$y_1 < y_0 < y_2$ なる y_1, y_2 に対しては
$$f(x_0, y_1) < 0,\ f(x_0, y_2) > 0.$$
したがって，x_0 の近くの x に対して，
$$f(x, y_1) < 0,\ f(x, y_2) > 0.$$
$f(x, y)$ は y の増加関数だから，定まった x に対して
$$f(x, y) = 0$$
となる y はただ1つある．これで求める関数 $\phi(x)$ が決まる．

$y = \varphi(x)$ において，x の増分 Δx に対する y の増分を Δy とすると
$$f(x, y) = 0,\ f(x + \Delta x, y + \Delta y) = 0.$$

そこで，平均値の定理を使うと

$$f(x+\Delta x, y+\Delta y) - f(x,y)$$
$$= f(x+\Delta x, y+\Delta y) - f(x, y+\Delta y) + f(x, y+\Delta y) - f(x,y)$$
$$= f_x(x+\theta_1\Delta x, y+\Delta y)\Delta x + f_y(x, y+\theta_2\Delta y)\Delta y$$
$$(0 < \theta_1 < 1, 0 < \theta_2 < 1)$$

により，

$$f_x(x+\theta_1\Delta x, y+\Delta y)\Delta x + f_y(x, y+\theta_2\Delta y)\Delta y = 0.$$

$\Delta x \to 0$ とすれば左辺の第 1 項は 0 に近づき，D では $f_y(x,y)$ は正で 0 に近づかないから，$\Delta y \to 0$. したがって，上の式の両辺を Δx で割り，$\Delta x \to 0$ とすれば

$$f_x(x,y) + f_y(y,x)\frac{dy}{dx} = 0.$$

定理 4.3.1 の結果は，次のようにいえる．

$f_y(x,y) \neq 0$ なるところの近くでは，$f(x,y) = 0$ から y を x の関数とみることができる．

例 4.3.1 $f(x,y) = x^2 + y^2 - a^2 = 0$ のとき，$f_y = 2y$ だから $y \neq 0$ のところでは，y は x の関数と考えられる．実際，$y = \sqrt{a^2 - x^2}$, $y = -\sqrt{a^2 - x^2}$ である．

問 4.15 次の関係式において，y は x の関数と考えられるだろうか．また，そのとき $\dfrac{dy}{dx}$ を求めよ．
(1) $x^3 - 6xy + y^3 = 0$.　　(2) $\log\sqrt{x^2+y^2} = \tan^{-1}\dfrac{y}{x}$.

定理 4.3.1 と同様に，

定理 4.3.2 $f(x,y,z)$ は偏導関数が連続な関数とする．$f(x,y,z) = 0$ のとき $f_z(x,y,z) \neq 0$ となるところの近くでは，z を x, y の関数と考えられる．

さらにまた,

> **定理 4.3.3** $f(x,y,z), g(x,y,z)$ は偏導関数が連続な関数とする. $f(x,y,z) = 0, g(x,y,z) = 0$ のとき,
> $$\begin{vmatrix} f_y & f_z \\ g_y & g_z \end{vmatrix} \neq 0 \tag{4.15}$$
> となるところの近くでは, y, z は x の関数と考えることができる.

証明 いま, 考える点では, f_y, f_z の少なくとも一方は 0 でないから, $f_z \neq 0$ として証明しよう. 定理 4.3.2 によって, $f(x,y,z) = 0$ から, z を x, y の関数で表し

$$z = \varphi(x, y) \tag{4.16}$$

とおく. これを $f(x,y,z) = 0$ に代入すれば, もちろん

$$f(x, y, \varphi(x,y)) = 0. \tag{4.17}$$

これを y で偏微分すると

$$f_y + f_z \frac{\partial \varphi}{\partial y} = 0. \quad \text{すなわち} \quad \frac{\partial \varphi}{\partial y} = -\frac{f_y}{f_z}. \tag{4.18}$$

また, $G(x,y) = g(x, y, \varphi(x,y))$ とおくと,

$$G_y = g_y + g_z \frac{\partial \varphi}{\partial y}.$$

(4.18) を代入して

$$G_y = g_y + g_z \left(-\frac{f_y}{f_z}\right) = \frac{f_z g_y - f_y g_z}{f_z}.$$

これは仮定によって 0 でない. ゆえに, 定理 4.3.1 によって

$$G(x,y) = g(x, y, \varphi(x,y)) = 0$$

から y を x の関数とみることができる. したがって, (4.16) によって z も x の関数とみられる. ∎

注意 $x = \varphi(u,v), y = \psi(u,v)$ のとき

$$\begin{vmatrix} \varphi_u & \varphi_v \\ \psi_u & \psi_v \end{vmatrix} = \varphi_u \psi_v - \varphi_v \psi_u \neq 0$$

ならば, u, v を x, y の関数とみることができる.

4.4　全微分

偏導関数が連続な関数 $z = f(x, y)$ において，x の増分が $\Delta x = h$，y の増分が $\Delta y = k$ のとき，z の増分を Δz と表すと，平均値の定理を使って，

$$\Delta z = f(x+h, y+k) - f(x, y)$$
$$= f(x+h, y+k) - f(x, y+k) + f(x, y+k) - f(x, y)$$
$$= \frac{\partial f}{\partial x}(x + \theta_1 h, y + k)h + \frac{\partial f}{\partial y}(x, y + \theta_2 k)k \quad (0 < \theta_1 < 1, 0 < \theta_2 < 1)$$

となる．h, k がきわめて小さい値のときは，$\dfrac{\partial f}{\partial x}, \dfrac{\partial f}{\partial y}$ が連続であることから，

$$\Delta z \fallingdotseq \frac{\partial f}{\partial x}(x, y)h + \frac{\partial f}{\partial y}(x, y)k \tag{4.19}$$

という近似式が成り立つ．これは，次のように書ける．

$$\Delta z \fallingdotseq \frac{\partial f}{\partial x}\Delta x + \frac{\partial f}{\partial y}\Delta y.$$

そこで，一般に (4.19) の右辺の式を dz とおいて，これを z の**全微分**という．すなわち，

$$dz = \frac{\partial z}{\partial x}h + \frac{\partial z}{\partial y}k. \tag{4.20}$$

特に $z = f(x, y)$ として関数 x をとると，$\dfrac{\partial z}{\partial x} = 1, \dfrac{\partial z}{\partial y} = 0$ であることから，(4.20) によって

$$dx = h.$$

$z = f(x, y)$ として関数 y をとると，$\dfrac{\partial z}{\partial x} = 0, \dfrac{\partial z}{\partial y} = 1$ であることから，

$$dy = k.$$

したがって，(4.20) は，

$$dz = \frac{\partial f}{\partial x}dx + \frac{\partial f}{\partial y}dy. \tag{4.21}$$

全微分 dz は，z の増分 Δz とは異なるが，$\Delta x = h, \Delta y = k$ が 0 に近い数のときは $dz \fallingdotseq \Delta z$ となるわけである．また，特に z が x だけの関数のとき，すなわち $z = f(x)$ のときは，(4.21) は $dz = f'(x)dx$ となる．

全微分に関して次のことが成り立つ．

第4章 偏微分法

定理 4.4.1 u, v が x, y の偏微分可能な関数のとき
$$d(u+v) = du + dv, \quad d(uv) = vdu + udv,$$
$$df(u) = f'(u)du.$$

問 4.16 定理 4.4.1 を証明せよ．

3つ以上の変数の関数についても，まったく同様に全微分を考えることができる．まず，偏導関数が連続な関数
$$u = f(x, y, z)$$
において，x, y, z がそれぞれ微小量 $\Delta x, \Delta y, \Delta z$ の変化をするとき，u の微小変化 Δu については
$$\Delta u \fallingdotseq \frac{\partial u}{\partial x}\Delta x + \frac{\partial y}{\partial y}\Delta y + \frac{\partial u}{\partial z}\Delta z$$
となる．そこで，一般にこの右辺の式を du と書くことにすると
$$du = \frac{\partial u}{\partial x}dx + \frac{\partial u}{\partial y}dy + \frac{\partial u}{\partial z}dz$$
とも書けることが導かれる．そして定理 4.4.1 はやはり成り立つ．

問 4.17 次の各関数について du を求めよ．
(1) $u = \log(x^2 + y^2)$. (2) $u = \sin(\sqrt{x^2 + y^2 + z^2})$.

問 4.18 三角形において，2辺の長さ a, b とその挟む角 θ の大きさを測定して面積 S を求めるとき，a, b, θ の誤差 $\Delta a, \Delta b, \Delta \theta$ に対する S の誤差を ΔS とすれば，
$$\frac{\Delta S}{S} \fallingdotseq \frac{\Delta a}{a} + \frac{\Delta b}{b} + \cot\theta \Delta\theta$$
であることを示せ．

定理 4.4.1 は u, v をどんな変数の関数としても成り立つ．変数の数が3つより多くても同様である．これが，全微分が応用上便利な点である．また，次のような関係式も，応用上大切である．$u = u_1 u_2 \cdots u_n$ のとき，
$$\frac{du}{u} = \frac{du_1}{u_1} + \frac{du_2}{u_2} + \cdots + \frac{du_n}{u_n}.$$

問 4.19 $d(\log u) = \dfrac{du}{u}$ であることを利用して，上の等式を証明せよ．

問 4.20 測定量 x の誤差を Δx とするとき，$\dfrac{\Delta x}{x}$ を相対誤差という．測定量 $u_1, u_2, \cdots, u_n$ の積の相対誤差は $u_1, u_2, \cdots, u_n$ のおのおのの相対誤差の和に，ほぼ等しい，なぜか．

4.5 関数の展開

$z = f(x,y)$ を n 階偏導関数が連続な関数とし，$f(x+h, y+k)$ を h, k について展開した式を求めてみよう．いま，$z = f(x,y)$ において

$$x = a + ht, \quad y = b + kt \quad (a, b, h, k \text{ は定数})$$

のときには，

$$\frac{dz}{dt} = z_x \frac{dx}{dt} + z_y \frac{dy}{dt} = h \frac{\partial z}{\partial x} + k \frac{\partial z}{\partial y}.$$

この右辺は，微分演算子

$$D = h \frac{\partial}{\partial x} + k \frac{\partial}{\partial y}$$

を導入すれば，次の形にも書ける．

$$\frac{dz}{dt} = Dz = \left(h \frac{\partial}{\partial x} + k \frac{\partial}{\partial y} \right) z.$$

これをさらに t について逐次，微分すると，

$$\frac{d^n z}{dt^n} = D^n z = \left(h \frac{\partial}{\partial x} + k \frac{\partial}{\partial y} \right)^n z.$$

$$D^n z = \left(h \frac{\partial}{\partial x} + k \frac{\partial}{\partial y} \right)^n z = \sum_{i=0}^{n} {}_n C_i h^{n-i} k^i \frac{\partial^n z}{\partial x^{n-i} \partial y^i}. \tag{4.22}$$

定理 4.5.1 (テイラーの定理) $f(x,y)$ は n 階偏導関数が連続な関数ならば

$$\begin{aligned}
f(x+h, y+k) =& f(x,y) + Df(x,y) + \frac{1}{2!} D^2 f(x,y) \\
& + \cdots + \frac{1}{(n-1)!} D^{n-1} f(x,y) \\
& + \frac{1}{n!} D^n f(x + \theta h, y + \theta k) \quad (0 < \theta < 1).
\end{aligned}$$

偏導関数を使って表せば，

$$\begin{aligned}
f(x+h, y+k) =& f(x,y) + (h f_x(x,y) + k f_y(x,y)) \\
& + \frac{1}{2} (h^2 f_{xx}(x,y) + 2hk f_{xy}(x,y) + k^2 f_{yy}(x,y)) + \cdots.
\end{aligned}$$

証明 x, y, h, k は定数とみて

$$F(t) = f(x+ht, y+kt). \tag{4.23}$$

これに 1 変数のマクローリンの定理（定理 5.5.1 参照）を適用すると，
$$F(1) = F(0) + F'(0) + \frac{1}{2!}F'(0) + \cdots + \frac{1}{(n-1)!}F^{(n-1)}(0)$$
$$+ \frac{1}{n!}F^{(n)}(\theta)(0 < \theta < 1). \tag{4.24}$$

そこで，$F^{(k)}(0)$ を計算しよう．

まず，$\dfrac{d}{dt}(x+ht) = h, \dfrac{d}{dt}(y+kt) = k$ だから
$$F'(t) = hf_x(x+ht, y+kt) + kf_y(x+ht, y+kt). \tag{4.25}$$

$t = 0$ とおけば，
$$F'(0) = hf_x(x,y) + kf_y(x,y) = Df(x,y). \tag{4.26}$$

(4.25) を t で微分して，
$$F''(t) = h^2 f_{xx}(x+ht, y+kt) + 2hk f_{xy}(x+ht, y+kt) + k^2 f_{yy}(x+ht, y+kt).$$

$t = 0$ とおけば
$$F''(0) = h^2 f_{xx}(x,y) + 2hk f_{xy}(x,y) + k^2 f_{yy}(x,y) = D^2 f(x,y). \tag{4.27}$$

したがって
$$F^{(n)}(t) = D^{(n)} f(x+ht, y+kt)$$
$$= \sum_{i=0}^{n} {}_nC_i h^{n-i} k^i \frac{\partial^n f}{\partial x^{n-i} \partial y^i}(x+ht, y+kt)$$

であることは，数学的帰納法で証明することができる．この式で $t = 0$ とおけば，(4.22) の形が得られる．

問 4.21 次の関数で $f(x+h, y+k)$ を h, k の 2 次の項まで展開せよ．
(1) $f(x,y) = ax^2 + 2bxy + cy^2 + 2dx + 2ey + f$.
(2) $f(x,y) = \sin(xy)$.

4.6 極値

4.6.1 極値

2 変数の関数 $z = f(x,y)$ が $x = a, y = b$ において **極小**である．または **極小値**をとるというのは，xy 平面上で点 (a,b) に十分近くにあるすべての (x,y)

図 4.1

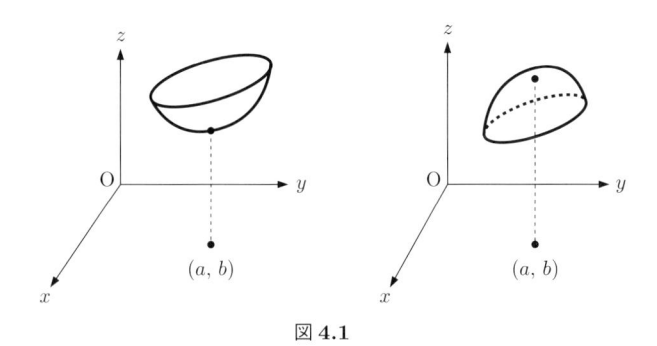

に対して
$$f(x,y) \geqq f(a,b)$$
となっていることをいう．また，$x=a, y=b$ において**極大**である．または**極大値**をとるというのは
$$f(x,y) \leqq f(a,b)$$
となることである．極大値と極小値を合わせて**極値**という．

例 4.6.1　$z = 3x^2 + 2y^2$ は $x=0, y=0$ で極小である．

定理 4.6.1　偏微分可能な関数 $z = f(x,y)$ について，これが極値をとる x, y の値は，
$$f_x(x,y) = 0, f_y(x,y) = 0$$
を解けば得られる．また $z = f(x,y)$ の 2 階の偏導関数が連続ならばその解 $x = a, y = b$ について，
$$A = f_{xx}(a,b), B = f_{xy}(a,b), C = f_{yy}(a,b), D = B^2 - AC$$
とおくとき，$z = f(x,y)$ は $x = a, y = b$ において，
$$D < 0, A > 0 \text{ ならば極小},$$
$$D < 0, A < 0 \text{ ならば極大},$$
$$D > 0 \text{ ならば極値をとらない}.$$

証明 関数
$$z = f(x,y) \tag{4.28}$$
が $x=a, y=b$ において極値をとるとする．このとき $y=b$ とおいた $f(x,b)$ は x の関数であるが，これも $x=a$ において極値をとる．したがって
$$f_x(a,b) = 0. \tag{4.29}$$
また，$f(a,y)$ は y の関数としても $y=b$ において極値をとるから，
$$f_y(a,b) = 0. \tag{4.30}$$
ゆえに，(4.29), (4.30) は偏微分可能な関数 $f(x,y)$ が $x=a, y=b$ において極値をとるための必要条件である．

そこで，(4.29), (4.30) が成り立つとき，$z = f(x,y)$ が $x=a, y=b$ において極値をとるかどうか調べてみる．x が a から $a+h$, y が b から $b+k$ へと変わるとき，$z = f(x,y)$ の変化を Δz とすると，テイラーの定理によって，
$$\Delta z = f(a+h, b+k) - f(a,b)$$
$$= f_x(a,b)h + f_y(a,b)k + \frac{1}{2}D^2 f(a+\theta h, b+\theta k), 0 < \theta < 1.$$
(4.29), (4.30) によって，
$$\Delta z = \frac{1}{2}(f_{xx}(\alpha,\beta)h^2 + 2f_{xy}(\alpha,\beta)hk + f_{yy}(\alpha,\beta)k^2).$$
ここに，$\alpha = a + \theta h, \beta = b + \theta k, 0 < \theta < 1$．

ゆえに $\boldsymbol{A} = f_{xx}(\alpha,\beta), \boldsymbol{B} = f_{xy}(\alpha,\beta), \boldsymbol{C} = f_{yy}(\alpha,\beta), \boldsymbol{D} = \boldsymbol{B}^2 - \boldsymbol{AC}$ とおくと
$$\Delta z > 0 \quad \text{ならば} \ f(a+h, b+k) > f(a,b), \tag{4.31}$$
$$\Delta z < 0 \quad \text{ならば} \ f(a+h, b+k) < f(a,b). \tag{4.32}$$
以下，(a,b) の十分近くの点 $(a+h, b+k)$ $(\neq (a,b))$ を考える．すると (α,β) も (a,b) に十分近いから，2 階偏導関数の連続性により，$\boldsymbol{A}, \boldsymbol{B}, \boldsymbol{C}, \boldsymbol{D}$ はそれぞれ A, B, C, D に十分近い．したがって，たとえば，$D < 0, A > 0$ ならば $\boldsymbol{D} < 0, \boldsymbol{A} > 0$．また $D > 0, A \neq 0$ ならば $\boldsymbol{D} > 0, \boldsymbol{A} \neq 0$ で，$\dfrac{\boldsymbol{B}}{\boldsymbol{A}} - \dfrac{B}{A}$ は 0 に十分近く，$\dfrac{\boldsymbol{D}}{\boldsymbol{A}^2}$ は $\dfrac{D}{A^2}$ に十分近いから $\left(\dfrac{\boldsymbol{B}}{\boldsymbol{A}} - \dfrac{B}{A}\right)^2 - \dfrac{\boldsymbol{D}}{\boldsymbol{A}^2} < 0$．

(1) $A \neq 0$ とすると, $\boldsymbol{A} \neq 0$ で
$$\Delta z = \frac{1}{2}\boldsymbol{A}\left\{\left(\frac{h\boldsymbol{A}+k\boldsymbol{B}}{\boldsymbol{A}}\right)^2 - \frac{\boldsymbol{D}}{\boldsymbol{A}^2}k^2\right\}.$$
したがって, $D < 0, A > 0$ の場合は $\boldsymbol{D} < 0, \boldsymbol{A} > 0$ となるから $\Delta z > 0$. よって, (4.31) により $f(a,b)$ は極小値である. 同様に, $D < 0, A < 0$ の場合は $\Delta z < 0$. よって, (4.31) により $f(a,b)$ は極大値である.

(2) $D > 0, A > 0$ の場合は, $\boldsymbol{D} > 0, \boldsymbol{A} > 0$. $h \neq 0, k = 0$ のときは $\Delta z = \frac{1}{2}h^2\boldsymbol{A} > 0$. 一方, $k \neq 0, \dfrac{h}{k} = -\dfrac{\boldsymbol{B}}{\boldsymbol{A}}$ のときは $\Delta z = \frac{1}{2}k^2\boldsymbol{A}\left\{\left(\dfrac{\boldsymbol{B}}{\boldsymbol{A}} - \dfrac{\boldsymbol{B}}{\boldsymbol{A}}\right)^2 - \dfrac{\boldsymbol{D}}{\boldsymbol{A}^2}\right\} < 0$. このように, 点 $(a+h, b+k)$ のあり方によっては Δz は正にも負にもなるから, (4.31) により $f(a,b)$ は極値ではない. $D > 0, A < 0$ の場合も同様である. また, $D > 0, C \neq 0$ の場合も同様である. 最後に $D > 0, A = C = 0$ の場合を考える. この場合は $B \neq 0, h = \pm k$ のときは $\Delta z = \dfrac{1}{2}k^2(\boldsymbol{A} \pm 2\boldsymbol{B} + \boldsymbol{C})$ (複号同順). ここで, $\boldsymbol{B}, \boldsymbol{A}, \boldsymbol{C}$ はそれぞれ $B, A = 0, C = 0$ に十分近いから, $\boldsymbol{A} \pm 2\boldsymbol{B} + \boldsymbol{C}$ は $\pm B$ と同符号である (複号同順). したがって, $h = k$ のときと $h = -k$ のときでは Δz の符号が異なるから, (4.31) により $f(a,b)$ は極値ではない. ∎

注意 $B^2 - AC = 0$ のときは, 上の方法では判定できない. たとえば,
$$f(x,y) = x^4 + y^4$$
についていえば, $f_x = 4x^3, f_y = 4y^3$,
$$f_{xx} = 12x^2, f_{xy} = 0, f_{yy} = 12y^2.$$
$f_x = 0, f_y = 0$ から $x = 0, y = 0$ となり, この点では, $A = 0, B = 0, C = 0$. したがって, $B^2 - AC = 0$ であって, 上の判定法では, 極値かどうかわからない. しかし, 直接的には, $x = 0, y = 0$ において $f(x,y) = x^4 + y^4$ が極小となることは明らかである. また,
$$f(x,y) = x^4 - y^4$$
では, $x = 0, y = 0$ で f_x, f_y, A, B, C はすべて 0 であるが, ここでは極大でも極小でもない.

> **例 4.6.2** $f(x,y) = x^3 + y^3 - 3xy$ の極値は次のように求められる.
> $$f_x = 3(x^2 - y), f_y = 3(y^2 - x),$$
> $$f_{xx} = 6x, f_{xy} = -3, f_{yy} = 6y.$$
> そこで, $f_x = 0, f_y = 0$ から, $x^2 = y, y^2 = x$. これを解くと, $x^4 = x$ より, $x = 0$ または $x = 1$ となり
> (1) $x = 0, y = 0,$ (2) $x = 1, y = 1$.
> (1) の場合には, $A = f_{xx}(0,0) = 0, B = f_{xy}(0,0) = -3, C = f_{yy}(0,0) = 0$ で
> $$B^2 - AC = 9 > 0$$
> となり, (1) は極値を与えない.
> (2) の場合には, $A = f_{xx}(1,1) = 6, B = f_{xy}(1,1) = -3, C = f_{yy}(1,1) = 6$ で
> $$B^2 - AC = -27 < 0, A = 6 > 0$$
> となり, 極小を与える. このとき, $f(1,1) = -1$. すなわち, $f(x,y) = x^3 + y^3 - 3xy$ は $x = 1, y = 1$ において極小値 -1 をとる.

問 4.22 次の関数の極値を求めよ.
(1) $x^3 - y^3 - 3x + 12y$. (2) $x^4 + y^4 - 2x^2 + 4xy - 2y^2$.

これまでは 2 変数の場合について考えたが, 3 個以上の変数の関数についても同様である.

4.6.2 陰関数の極大極小

偏導関数が連続な関数 $f(x,y)$ が与えられたとき, $f(x_0, y_0) = 0$ となる (x_0, y_0) の近くで $f_y(x,y) \neq 0$ ならば

$$f(x,y) = 0 \tag{4.33}$$

から y を x の関数 (陰関数) とみることができる (4.4 節参照). そこで $f(x,y)$ は 2 階偏導関数が連続として, (4.33) をみたす $y = \varphi(x)$ について, その極大極小を考えてみよう.

4.6 極値

定理 4.6.2 $f(x,y) = 0$ で $f_y \neq 0$ のとき，y を x の関数とみての極値を求めるには，次のようにすればよい．

$f(x,y) = 0, f_x(x,y) = 0$ となる x, y を求め，そこで，
$$\frac{f_{xx}}{f_y} > 0 \text{ ならば極大}, \frac{f_{xx}}{f_y} < 0 \text{ ならば極小}.$$

証明 (4.33) で y を x の関数とみて x で微分すると，
$$f_x(x,y) + f_y(x,y)\frac{dy}{dx} = 0. \tag{4.34}$$
さらに x で微分すると，
$$f_{xx}(x,y) + 2f_{xy}(x,y)\frac{dy}{dx} + f_{yy}(x,y)\left(\frac{dy}{dx}\right)^2 + f_y(x,y)\frac{d^2y}{dx^2} = 0. \tag{4.35}$$
そこで，$y = \varphi(x)$ が極値をとるところでは $\frac{dy}{dx} = 0$ であることから，(4.34) によって，
$$f_x(x,y) = 0. \tag{4.36}$$
(4.33), (4.36) をみたす x, y の値に対しては，(4.35) から，
$$\frac{d^2y}{dx^2} = -\frac{f_{xx}(x,y)}{f_y(x,y)}.$$
この値の正負によって，極大か極小が決まる．

例 4.6.3 $f(x,y) = x^3 - 3xy + y^3 = 0$ とすると，
$$f_x = 3(x^2 - y), f_y = 3(-x + y^2), f_{xx} = 6x.$$
$f = 0, f_y = 0$ となるところは，$x^3 - 3xy + y^3 = 0, x = y^2$ より，
$$(0,0), (4^{\frac{1}{3}}, 2^{\frac{1}{3}}).$$
この 2 点は除いて考えると，$y = \varphi(x)$ と考えられる．

そこで，$f = 0, f_x = 0$ から
$$x^3 - 3xy + y^3 = 0, x^2 = y.$$
$(x,y) \neq (0,0)$ により，
$$x = 2^{\frac{1}{3}}, y = 4^{\frac{1}{3}}.$$

このとき，
$$\frac{f_{xx}}{f_y} = \frac{6x}{3(-x+y^2)} = \frac{2x}{-x+y^2} = 2 > 0.$$
ゆえに，$x = 2^{\frac{1}{3}}$ のとき，y は極大値 $4^{\frac{1}{3}}$ をとる．

問 4.23 次の関係式において，y を x の関数とみて極値を求めよ．
(1) $x^2 + xy + 2y^2 = 1$.　　(2) $x^4 + y^4 = 4xy$.

4.6.3 条件付きの停留値

$$g(x, y) = 0 \tag{4.37}$$

という条件の下での $f(x,y)$ の極値を求める方法を述べよう．

定理 4.6.3 $f(x,y), g(x,y)$ は偏導関数が連続な関数とする．$g_x \neq 0$ または $g_y \neq 0$ とし，$g(x,y) = 0$ なる条件の下で，$f(x,y)$ の極値をとる x, y の値は，
$$g = 0, \quad \frac{\partial}{\partial x}(f + \lambda g) = 0, \quad \frac{\partial}{\partial y}(f + \lambda g) = 0 \quad (\lambda は定数)$$
をみたす．

証明　(4.37) で $g_y \neq 0$ のときは，y は x の関数と考えられる．$y = \varphi(x)$ とすると，$g(x, \varphi(x)) = 0$. これを x で微分すると，
$$\frac{\partial g}{\partial x} + \frac{\partial g}{\partial y}\frac{d\varphi}{dx} = 0. \tag{4.38}$$
また，$f(x, \varphi(x))$ が極値をとるところ $x = x_0$ では，これを x で微分すると 0 となっているから，
$$\frac{\partial f}{\partial x} + \frac{\partial f}{\partial y}\frac{d\varphi}{dx} = 0. \tag{4.39}$$
(4.38) に数 λ を掛けて，(4.39) を加えると，
$$\frac{\partial f}{\partial x} + \lambda\frac{\partial g}{\partial x} + \left(\frac{\partial f}{\partial y} + \lambda\frac{\partial g}{\partial y}\right)\frac{d\varphi}{dx} = 0. \tag{4.40}$$
これが $x = x_0, y = \varphi(x_0)$ で成り立つのである．そこで，$x = x_0$ で $\frac{\partial f}{\partial y} + \lambda\frac{\partial g}{\partial y} = 0$ となる定数 λ をとると，$\frac{\partial f}{\partial x} + \lambda\frac{\partial g}{\partial x} = 0$.

ここでは，$g_y \neq 0$ として考えたが，$g_x \neq 0$ としても同様である．

注意 これは，極値の必要条件を求めているだけで，こうして得られた x,y が実際に極値を与えるかどうかは，わからない．むしろ，$\dfrac{\partial f}{\partial x} = \dfrac{\partial f}{\partial y} = 0$ となるところ，すなわち f を **停留的 (stationary)** にする値を求めているのである．この値を **停留値** という．

例 4.6.4 $x^2 + y^2 = 1$ なる条件の下での $ax^2 + 2bxy + cy^2$ の停留値を求めてみよう．

$g = 1 - x^2 - y^2,\ f = ax^2 + 2bxy + cy^2$ とおくと，
$$\frac{\partial}{\partial x}(f + \lambda g) = 2(ax + by - \lambda x) = 0,$$
$$\frac{\partial}{\partial y}(f + \lambda g) = 2(bx + cy - \lambda y) = 0.$$

すなわち，
$$(a - \lambda)x + by = 0, \tag{4.41}$$
$$bx + (x - \lambda)y = 0. \tag{4.42}$$

これから，x, y を消去して，
$$\begin{vmatrix} a - \lambda & b \\ b & c - \lambda \end{vmatrix} = 0. \tag{4.43}$$

この λ の 2 次方程式は実数解をもっている．その解に対して，(4.41),(4.42) から x, y の比を求め，
$$x^2 + y^2 - 1 = 0 \tag{4.44}$$

から x, y を求めれば，これは f を停留的にする x, y の値である．また，(4.41),(4.42) と (4.44) から，
$$\lambda = ax^2 + 2bxy + cy^2.$$

すなわち，(4.43) の解は $f = ax^2 + 2bxy + cy^2$ の停留値を与える．

問 4.24 $Ax^2 + By^2 = 1$ のとき，$\ell x + my$ の停留値を求めよ $(A > 0, B > 0)$．

4.7 曲線と曲面
4.7.1 曲線
方程式
$$f(x,y) = 0 \tag{4.45}$$
の表す曲線について考えよう．曲線 (4.45) の上にあって，
$$f_x = 0, f_y = 0 \tag{4.46}$$
となる点を，曲線 (4.45) の特異点という．

> **定理 4.7.1** $f(x,y)$ が偏微分可能なとき，曲線 $f(x,y) = 0$ の特異点でない点 (x,y) での接線の方程式は接線上の点の座標を (X,Y) として
> $$f_x(X-x) + f_y(Y-y) = 0$$
> で与えられる．

証明 $f_y \neq 0$ となるところでは，$\dfrac{dy}{dx} = -\dfrac{f_x}{f_y}$．したがって，その点 (x,y) での接線の方程式は，
$$Y - y = -\frac{f_x}{f_y}(X - x).$$
すなわち，$f_x(X-x) + f_y(Y-y) = 0$．

$f_x \neq 0$ としても，同じ式が得られる．

> **例 4.7.1** $Ax^2 + By^2 = 1$ $(AB \neq 0)$ では，$f(x,y) = Ax^2 + By^2 - 1$ とおくと，
> $$f_x = 2Ax, \quad f_y = 2By.$$
> だから，$f_x = 0, f_y = 0, f = 0$ となる点，すなわち特異点はない．この曲線上の点 (x,y) での接線の方程式は，
> $$2Ax(X-x) + 2By(Y-y) = 0.$$
> $Ax^2 + By^2 = 1$ だから，$AxX + ByY = 1$．

> **例 4.7.2** $f(x,y) = y^2 - x^2(x+a) = 0$ では
> $$f_x = -3x^2 - 2ax, \quad f_y = 2y.$$
> したがって，$f_x = 0, f_y = 0, f = 0$ から $x = 0, y = 0$ となって，原点は $f(x,y) = 0$ の特異点である．

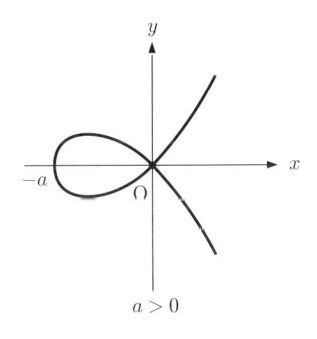

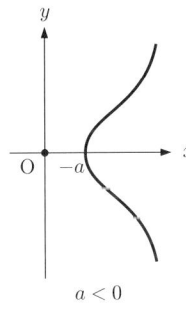

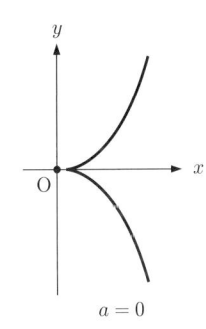

図 4.2

問 4.25 次の曲線の特異点を求めよ．
(1) $(x^2 - y^2)^2 = x^2 + y^2$.　　(2) $(y - x^2)^2 = x^5$.

4.7.2 包絡線

$$x + ay^2 = a^2$$

や

$$(x - a)^2 + y^2 = 2a^2$$

のような曲線は，a の値がいろいろに変わると，多くの曲線を表す．このような曲線の集まりを **a を媒介変数（パラメーター）とする曲線群** という．ここでは，曲線群のすべてに接する曲線（**包絡線**）を求めることを述べよう．

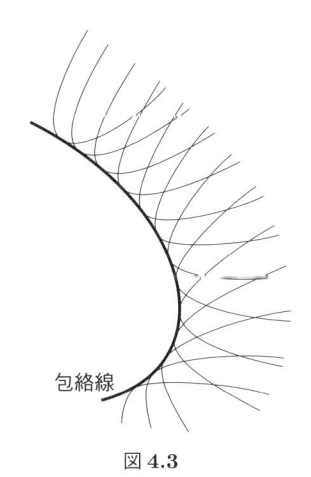

図 4.3

定理 4.7.2 曲線群 $f(x,y,a)=0$ に対し，f が a について偏微分可能でその偏導関数が連続ならば，$f(x,y,a)=0, f_a(x,y,a)=0$ をみたす曲線 $x=\varphi(a), y=\psi(a)$ は，この曲線群の包絡線，または特異点の軌跡である．

証明 a を媒介変数とする曲線群

$$f(x,y,a)=0 \tag{4.47}$$

を考え，これらすべてに接する曲線，すなわち包絡線を e とする．(4.47) が e と接する点の座標 (x,y) は，媒介変数 a の関数である．そこで，

$$x=\varphi(a), y=\psi(a) \tag{4.48}$$

とおくと，

$$f(\varphi,\psi,a)=0. \tag{4.49}$$

また，e と (4.47) との接点で曲線 e に引いた接線の傾き m_1 は，

$$m_1=\frac{dy}{dx}=\frac{\dfrac{dy}{da}}{\dfrac{dx}{da}}=\frac{\psi'}{\varphi'}. \tag{4.50}$$

同じ点で，(4.47) に引いた接線の傾きを m_2 とすれば，

$$f_x(\varphi,\psi,a)+f_y(\varphi,\psi,a)\frac{dy}{dx}=0$$

により，

$$f_x+f_y m_2=0. \tag{4.51}$$

e と (4.47) が接することから，$m_1=m_2$ となり，(4.50), (4.51) によって，

$$f_x+f_y\frac{\psi'}{\varphi'}=0.$$

ゆえに，

$$f_x\varphi'+f_y\psi'=0. \tag{4.52}$$

次に，(4.49) を a で微分すれば，

$$f_x\varphi'+f_y\psi'+f_a=0. \tag{4.53}$$

(4.52), (4.53) より，

$$f_a=f_a(\varphi,\psi,a)=0. \tag{4.54}$$

すなわち，包絡線 e と (4.47) との接点の座標 (4.48) は
$$f(x,y,a)=0, \quad f_a(x,y,a)=0 \tag{4.55}$$
をみたしている．

逆に，(4.55) をみたす (4.48) があって，これが a を媒介変数として曲線を表し，φ', ψ' のどちらかが 0 でないとする．(4.53), (4.54) が成り立つから，(4.52) が成り立つ．したがって，
$$f_y \neq 0 \tag{4.56}$$
ならば，(4.52) から $-\dfrac{f_x}{f_y} = \dfrac{\psi'}{\varphi'}$ ゆえに，(4.48) の表す曲線と (4.47) とは接する．また，
$$f_x \neq 0 \tag{4.57}$$
としても同様である．

(4.56), (4.57) ともに成り立たない点，すなわち $f_x=0, f_y=0$ となる点は (4.47) の特異点である．また，(4.48) がそのような点の集まりであるときは，(4.47), (4.53) により，(4.55) が成り立っている．

例 4.7.3 $x + ay = a^2$.

このときは，$f(x,y,a) = x+ay-a^2 = 0$. これと，$f_a(x,y,a) = y - 2a = 0$ から，$y = 2a, x = -ay + a^2 = -a^2$. もとの直線群には
$$f_x = 0, f_y = 0$$
となる点（特異点）はないから，
$$x = -a^2, y = 2a.$$
すなわち，$y^2 = -4x$ は包絡線である．

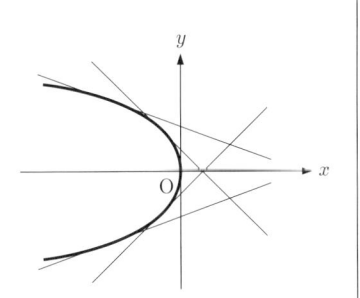

図 4.4

例 4.7.4　$y^2 = x(x-a)^2$.
$f = y^2 - x(x-a)^2 = 0$ では $f_x = 0, f_y = 0$ から，$x = a$, $y = 0$ が特異点になる．$f = y^2 - x(x-a)^2 = 0$, $f_a = 2x(x-a) = 0$ から，$y = 0$ が得られるが，これは，特異点 $(a, 0)$ の軌跡になっている．

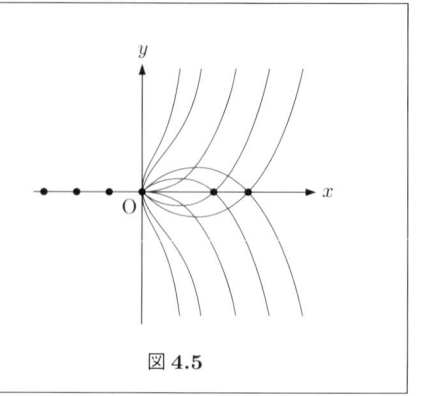

図 4.5

問 4.26　a を媒介変数とする．次の曲線群の包絡線を求めよ．
(1) $(x-a)^2 + (y-a)^2 = a^2$. 　(2) $\dfrac{x}{\cos a} + \dfrac{y}{\sin a} - \alpha = 0$.

4.7.3　曲面

$$f(x, y, z) = 0 \tag{4.58}$$

をみたす点の軌跡は，$f_z \neq 0$ となるところでは，$z = \varphi(x, y)$ と考えられ，曲面を表している．$f_x \neq 0$ または $f_y \neq 0$ でも同様である．

一般に，(4.58) の表す曲面上で

$$f_x = 0,\ f_y = 0,\ f_z = 0 \tag{4.59}$$

となる点を特異点という．たとえば曲面 $x^2 + y^2 - z^2 = 0$ では，原点が特異点である．

定理 4.7.3　$f(x, y, z)$ が偏微分可能なとき，曲面 $f(x, y, z) = 0$ 上の特異点でない点 (x, y, z) での接平面の方程式は，
$$f_x(X-x) + f_y(Y-y) + f_z(Z-z) = 0,$$
法線の方程式は，
$$\frac{X-x}{f_x} = \frac{Y-y}{f_y} = \frac{Z-z}{f_z}.$$

証明　(4.58) の特異点でない点 $\mathrm{P}(x, y, z)$ をとり，その点を通って，この曲

面上にある曲線
$$x = x(t),\ y = y(t),\ z = z(t) \tag{4.60}$$
を考えると,
$$f(x(t),\ y(t),\ z(t)) = 0.$$
これを t で微分すれば,
$$f_x \frac{dx}{dt} + f_y \frac{dy}{dt} + f_z \frac{dz}{dt} = 0. \tag{4.61}$$
いま,点 P で考えれば,f_x, f_y, f_z は P の位置にのみ関係し,曲線 (4.60) には関係しない.$\dfrac{dx}{dt} : \dfrac{dy}{dt} : \dfrac{dz}{dt}$ は P で (4.60) に引いた接線の方向比であるから,(4.61) によって,この接線は,(f_x, f_y, f_z) で決まる一定方向に垂直である.このことは,P を通って曲面 (4.58) 上で引いた任意の曲線の接線が一定平面上にあることを示している.この平面が求める接平面でこれに垂直な直線が法線である.

例 4.7.5 曲面 $xyz = k\ (>0)$ の任意の接平面と 3 つの座標平面で囲まれた四面体の体積が一定であることが次のように示される.
曲面の方程式は,
$$F = xyz - k = 0.$$
$$F_x = yz,\ F_y = xz,\ F_z = xy.$$
ゆえに,この曲面上の点 (x, y, z) での接平面の方程式は
$$yz(X - x) + zx(Y - y) + xy(Z - z) = 0,$$
すなわち,
$$\frac{X}{x} + \frac{Y}{y} + \frac{Z}{z} = 3.$$
したがって,この平面と 3 つの座標軸との交点は
$$\mathrm{P}(3x, 0, 0),\ \mathrm{Q}(0, 3y, 0),\ \mathrm{R}(0, 0, 3z)$$
となる.ゆえに,四面体 OPQR の体積は
$$\frac{1}{3} \cdot \frac{1}{2} \cdot 3x \cdot 3y \cdot 3z = \frac{9}{2} xyz = \frac{9}{2} k \quad (\text{一定}).$$

問 4.27 A, B, C を $A^2 + B^2 + C^2 \neq 0$ なる定数とするとき,曲面 $Ax^2 + By^2 + Cz^2 = 1$ 上の点 (x, y, z) での接平面の方程式を求めよ.

第 4 章　演習問題

1. 次の関数の偏導関数を求めよ．
   (1) $4x^2y^2 - (x^2+y^2)^3$.　　(2) $\log(x^2+xy+y^2)$.

2. 次の関数の 2 階の偏導関数を求めよ．
   (1) $z\sin(xy)$.　　(2) $\log(x^2+y^2-z^2)$.

3. 次の等式を証明せよ．
   (1) $f(x,y) = \dfrac{\sqrt{x^{2n}+y^{2n}}}{x^2+y^2}$ のとき $x\dfrac{\partial f}{\partial x} + y\dfrac{\partial f}{\partial y} = (n-2)f$.
   (2) $f(x,y) = \dfrac{e^{xy}}{e^x+e^y}$ のとき $\dfrac{\partial f}{\partial x} + \dfrac{\partial f}{\partial y} = (x+y-1)f$.

4. 次の関数のマクローリン展開を求めよ（3 階の項まで）．
   (1) $\dfrac{1}{\sqrt{1+x^2+y^2}}$.　　(2) $e^{ax}\cos by$.

5. 次の関数の極値を求めよ．
   (1) x^3+3xy^2-3x.　　(2) $x^2+y^2+y^3$.

6. 次の関係式により定義された陰関数について，その導関数 $\dfrac{dy}{dx}$ を求めよ．
   (1) $x^2y^{11}+y-x=0$.　　(2) $2e^{x+y}-x+y=0$.

7. $3x^2+xy+3y^2-1=0$ のとき，x^2+y^2 の停留値を求めよ．

8. 周長が一定の三角形のうち面積最大のものを求めよ．

9. 曲面 $x^2+y^2+z^2=a^2$ $(a>0)$ 上の点 (x_0,y_0,z_0) $(z_0\neq 0)$ における接平面と法線の方程式を求めよ．

10. 次の曲線群の包絡線を求めよ．ただし，a を媒介変数とする．
   (1) $x\cos a + y\sin a = \alpha$.　　(2) $(x-a)^2+y^2=1-a^2$.

5 1変数の微分法の応用

5.1 微分

関数 $y = f(x)$ が微分可能のときは，$\lim_{h \to 0} \dfrac{f(x+h) - f(x)}{h} = f'(x)$ である．そこで，
$$\frac{f(x+h) - f(x)}{h} = f'(x) + \varepsilon$$
とおけば，$h \to 0$ のとき $\varepsilon \to 0$ となる．上の式から，
$$\Delta y = f(x+h) - f(x) = f'(x)h + \varepsilon h.$$
$f'(x) \neq 0$ ならば，0 に近い h に対しては，右辺の第 2 項 εh は第 1 項 $f'(x)h$ に比べてずっと小さい．したがって，$f'(x)h$ は変数の値 $x, x+h$ に対する関数の値の差 (difference) ではないが，これに近い数である．

一般に，$f'(x)h$ を $y = f(x)$ の **微分** (differential) と呼んで，記号 dy で表す．すなわち，
$$dy = f'(x)h. \tag{5.1}$$

この定義では，$f'(x)$ は 0 になってもよいし，h の大きさも自由である．しかし，それが応用上有意義なのは $f'(x) \neq 0, h \fallingdotseq 0$ の場合である．右の $y = f(x)$ のグラフについていえば，微分 $dy = f'(x)h$ は，線分 RT の長さ（PT が接線）で表される．(5.1)

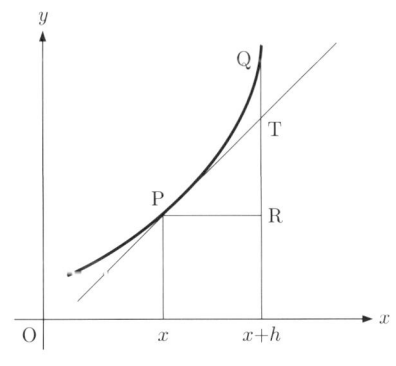

図 5.1

において，h は x および $f(x)$ とは無関係な変数である．そこで，$y = f(x) = x$ とおくと $f'(x) = 1$ で，(5.1) から，

$$dx = h.$$

したがって，(5.1) は次のように書いてよい．

$$dy = f'(x)dx. \tag{5.2}$$

これから，また，

$$\frac{dy}{dx} = f'(x).$$

これで，前に p.31 で定義した $\dfrac{dy}{dx}$ が，実際に割り算の意味をもつことになったわけである．また，(5.2) の式から，$f'(x)$ を微分係数と呼ぶ理由もわかる．

ここまでは，x を変数と考えてきたが，(5.2) は x が他の変数 t の関数であっても成り立つことが，次のようにしてわかる．$x = g(t)$ とすれば，(5.1) により，

$$dx = g'(t)dt. \tag{5.3}$$

また，$y = f(x) = f(g(t))$ だから $\dfrac{dy}{dt} = f'(g(t))g'(t)$ となり，t を変数にとったときの y の微分 dy は，

$$dy = f'(g(t))g'(t)dt. \tag{5.4}$$

(5.3), (5.4) より，$dy = f'(x)dx$．すなわち (5.2) は，x, y を t の関数とみても成り立つ．微分の定義からわかるように，$f = f(x), g = g(x)$ について，次の定理が成り立つ．

定理 5.1.1 $d(f+g) = df + dg, \quad d(cf) = c \cdot df (c は定数),$

$$d(fg) = df \cdot g + f \cdot dg, \quad d\left(\frac{g}{f}\right) = \frac{f \cdot dg - g \cdot df}{f^2}.$$

微分 dy は，x の変化 h に対し，$y = f(x)$ の変化を h の 1 次式で近似したもので，応用上も大切である．

例 5.1.1 $f(x) = x^\alpha (\alpha > 1)$ のとき，$f'(x) = \alpha x^{\alpha-1}$．ゆえに $df(x) = \alpha x^{\alpha-1} h$．したがって，$h \fallingdotseq 0$ のとき，$\Delta f(x) = (x+h)^\alpha - x^\alpha \fallingdotseq \alpha x^{\alpha-1} h$．ゆえに，$(x+h)^\alpha \fallingdotseq x^\alpha \left(1 + \dfrac{\alpha h}{x}\right)$．$x = 1$ とおけば $(1+h)^\alpha \fallingdotseq 1 + \alpha h$．

5.2 平均値の定理

微積分学の理論で最も大切な定理は，平均値の定理である．はじめにその準備として 2 つの定理を述べる．

> **定理 5.2.1** $f'(a) > 0$ のときは，h を十分小さい正数にとると，つねに
> $$f(a-h) < f(a) < f(a+h).$$
> また，$f'(a) < 0$ のときは，$f(a-h) > f(a) > f(a+h)$．

証明 微分係数の定義によれば，
$$\lim_{h \to 0} \frac{f(a+h) - f(a)}{h} = f'(a).$$
ゆえに，$f'(a) > 0$ のときは，0 に十分近い数 h に対して，
$$\frac{f(a+h) - f(a)}{h} > 0. \tag{5.5}$$
$h > 0$ にとれば，
$$f(a+h) - f(a) > 0. \tag{5.6}$$
また，(5.6) において h の代わりに $-h$ とおけば，
$$\frac{f(a-h) - f(a)}{-h} > 0.$$
この式で $h > 0$ にとれば，
$$f(a-h) - f(a) < 0. \tag{5.7}$$
(5.6), (5.7) から，
$$f(a-h) < f(a) < f(a+h).$$
$f'(a) < 0$ の場合も同様である． ∎

注意 この定理は，$f'(a)$ の符号で $f(a)$ と $f(a-h), f(a+h)$ との大小関係がわかることを示すものであって，$x = a$ の近くで $f(x)$ の値がつねに増加しつつあることを示すものではない．このことを述べるのは，あとの定理 5.3.1 である．

次に，$f(a)$ の定義域内に 1 つの数 c があって，定義域内のすべての x に対して $f(x) \leqq f(c)$ となっているとき，$f(c)$ がこの定義域での $f(x)$ の最大値．また，つねに $f(x) \geqq f(c)$ となっているときは，$f(c)$ が最小値である．

p.16 の定理 2.3.5 によれば，閉区間 $[a, b]$ で連続な関数は，この区間で最大値，最小値をもつ．これから，次の定理が得られる．

定理 5.2.2 関数 $f(x)$ が次の 3 つの条件をみたすとする.
(1) $[a,b]$ で連続である.
(2) (a,b) で微分可能である.
(3) $f(a) = 0, f(b) = 0.$
このとき, $f'(c) = 0$ $(a < c < b)$ となる c が必ずある.

これを **ロル (Rolle) の定理** という.

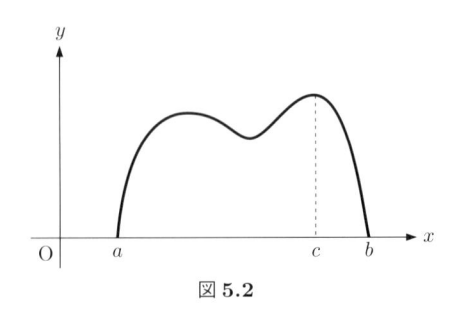

図 5.2

証明 (1) によって, $f(x)$ には最大値 $f(c)$ がある. $f(c) \neq 0$ とすれば, (3) によって c は a, b でなく $a < c < b$. この c に対して,
$$f'(c) = 0$$
であることを示そう.

いま, $f'(c) > 0$ とすれば, 定理 5.2.1 によって十分小さい正数 h に対して,
$$f(c-h) < f(c) < f(c+h)$$
となって, $f(c)$ は最大値にならない. また, $f'(c) < 0$ としても同様である. したがって, $f'(c) = 0$. 次に, $f(c) = 0$ のときは, $f(x)$ の最小値を考えると, これが 0 でなければ上と同様に証明できる. 最小値も 0 であれば, $f(x)$ の最大値も最小値も 0 となって, $f(x)$ はつねに 0 に等しく, $f'(x) = 0$ となる. ゆえに, 任意の c について $f'(c) = 0$ ∎

注意 (1), (2) の代わりに, '$[a,b]$ で微分可能' という条件があれば, もちろん定理 5.2.2 は成り立つ. しかし, $[-1,1]$ で定義された関数 $f(x) = \sqrt{1-x^2}$ では, (1), (2) は成り立つが, $x = \pm 1$ では微分可能でない. この関数にも, 定理 5.2.2 は適用されるのである.

定理 5.2.2 から次の平均値の定理が得られる．

定理 5.2.3 関数 $f(x)$ が次の 2 つの条件をみたすとする．
(1) $[a,b]$ で連続である．
(2) (a,b) で微分可能である．
このとき，$\dfrac{f(b)-f(a)}{b-a} = f'(c)$ $(a<c<b)$ となる c がある．

証明 $\varphi(x) = f(b) - f(x) - \dfrac{f(b)-f(a)}{b-a}(b-x)$ とおけば，$\varphi(x)$ は，(1) $[a,b]$ で連続，(2) (a,b) で微分可能，かつ，(3) $\varphi(a) = 0, \varphi(b) = 0$ であるから，定理 5.2.2 によって，$\varphi'(c) = 0$ $(a<c<b)$ となる c がある．
$\varphi'(x) = -f'(x) + \dfrac{f(b)-f(a)}{b-a}$
だから，$\varphi'(c) = 0$ から，
$$f'(c) = \dfrac{f(b)-f(a)}{b-a}.$$
∎

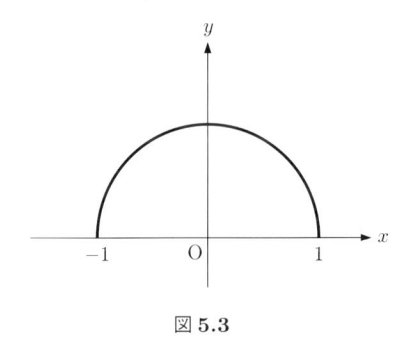

図 5.3

注意 $y = f(x)$ のグラフについていえば，定理 5.2.3 の式は，その上の 2 点，A$(a,f(a))$, B$(b,f(b))$ を通る直線の傾きが，$x = c$ なる点での接線の傾き $f'(c)$ に等しいことを示している．すなわち，定理 5.2.3 は直線 AB に平行な接線が引けることを意味する．

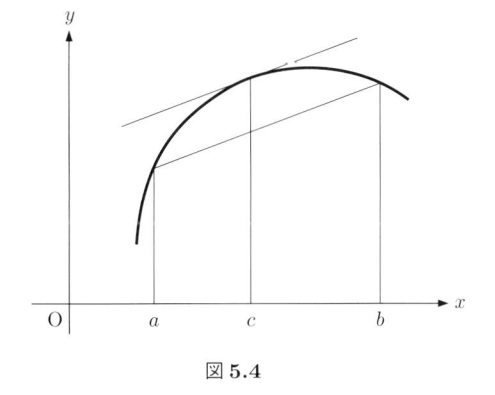

図 5.4

平均値の定理の式 $\dfrac{f(b)-f(a)}{b-a} - f'(c)$ は，a, b を入れ替えて書いても結局同じ式になるから，a, b の大小はどちらでもよい．この式の分母を払えば，

$$f(b) - f(a) = (b-a)f'(c) \quad (c \text{ は } a \text{ と } b \text{ の間}).$$

そこで，$\dfrac{c-a}{b-a} = \theta$ とおけば，$c = a + \theta(b-a),\ 0 < \theta < 1$.

$$f(b) - f(a) = (b-a)f'(a + \theta(b-a)).$$

さらに，$b - a = h$ とおけば，

$$f(a+h) - f(a) = hf'(a + \theta h).$$

したがって，

$$f(a+h) = f(a) + hf'(a + \theta h) \quad (0 < \theta < 1).$$

平均値の定理はこの形で扱うことも多い．

平均値の定理から次の重要なことがらが出てくる．

定理 5.2.4 $f'(x)$ がつねに 0 であるときは，$f(x)$ は定数である．

証明 平均値の定理の式から，任意の a, b に対し，

$$f(b) - f(a) = (b-a)f'(c) = 0 \quad \text{ゆえに，} \quad f(b) = f(a).$$

a を固定し，b を任意の値とみれば，$f(x) = f(a)$（定数）．

注意 $f(x)$ が定数のとき $f'(x) = 0$ というのは，$f(x)$ の定義からすぐに導かれることであったが，その逆は深いことがらなのである．数直線上の点の運動でいえば，動かない点の速度はつねに 0 であるが，逆に速度がつねに 0 の運動は，何も動かないことである．

定理 5.2.5 導関数の等しい 2 つの関数の差は定数である．

証明 $f'(x) = g'(x)$ とすれば，$\varphi(x) = f(x) - g(x)$ とおくとき，

$$\varphi'(x) = f'(x) - g'(x) = 0$$

となり，定理 5.2.4 によって，$\varphi(x) = C$（定数）．ゆえに，$f(x) - g(x) = C$．

例 5.2.1 $f'(x) = x^2$ であれば，$\left(\dfrac{1}{3}x^3\right)' = x^2$ であることから，$f(x) = \dfrac{1}{3}x^3 + C$．$f(x)$ に対して，$F'(x) = f(x)$ となる $F(x)$ を $f(x)$ の **原始関数** という．原始関数の 1 つを $F(x)$ とすれば，定理 5.2.5 により $F(x) + C$（C は任意定数）が一般の原始関数である．

これを $f(x)$ の **不定積分**といい，$\int f(x)dx$ と書くのである．
平均値の定理は次のように拡張される．

定理 5.2.6 $f(x), g(x)$ について
(1) $[a,b]$ で連続．　(2) (a,b) で微分可能．　(3) (a,b) で $g'(x) \neq 0$
とする．このとき，
$$\frac{f(b)-f(a)}{g(b)-g(a)} = \frac{f'(c)}{g'(c)} \quad (a < c < b)$$
となる c が存在する（**コーシーの定理**）．

証明　$\varphi(x) = f(x) - f(a) - k(g(x) - g(a))$ とおき，$\varphi(b) = 0$ として定理 5.2.2 を適用する．

注意　定理の式で，右辺の分母，分子の c が同じであることに留意せよ．

定理 5.2.6 は，極限を求めるのに利用される．すなわち，

定理 5.2.7　定理 5.2.6 の条件に加えて，$f(a) = 0, g(a) = 0$ のとき，
$$\lim_{x \to a} \frac{f(x)}{g(x)} = \lim_{x \to a} \frac{f'(x)}{g'(x)}.$$

例 5.2.2　$\lim_{x \to 1} \dfrac{x^3-1}{x^2-1} = \lim_{x \to 1} \dfrac{(x^3-1)'}{(x^2-1)'} = \lim_{x \to 1} \dfrac{3x^2}{2x} = \dfrac{3}{2}.$

例 5.2.3
$$\lim_{x \to 0} \frac{1-\cos 3x}{1-\cos x} = \lim_{x \to 0} \frac{(1-\cos 3x)'}{(1-\cos x)'} = \lim_{x \to 0} \frac{3\sin 3x}{\sin x} \quad \left(\text{これも } \frac{0}{0} \text{ の形}\right)$$
$$= \lim_{x \to 0} \frac{(3\sin 3x)'}{(\sin x)'} = \lim_{x \to 0} \frac{9\cos 3x}{\cos x} = 9.$$

問 5.1　次の極限値を求めよ．
(1) $\lim_{x \to 0} \dfrac{x - \sin x}{x^3}$.　　(2) $\lim_{x \to \frac{\pi}{2}-0} (\tan x)^{\cos x}$.　　(3) $\lim_{x \to \infty} x^2 e^{-x}$.
(4) $\lim_{x \to \infty} x \sin \dfrac{1}{x}$.

5.3 関数の増減

定理 5.2.1 によれば，$f'(a) \neq 0$ のとき，$x = a$ の十分近い前後における $f(x)$ の値と $f(a)$ との大小は比較はできるが，任意の $x = a, x = b$ における $f(x)$ の値の比較はできない．これについては，次の定理が成り立つ．

> **定理 5.3.1** $f(x)$ が $[a, b]$ で連続，(a, b) では微分可能のとき，つねに
> $$f'(x) > 0 \text{ ならば，} f(a) < f(b).$$
> $$f'(x) < 0 \text{ ならば，} f(a) > f(b).$$

定理 5.3.1 によって，

$$f'(x) > 0 \text{ となる区間では，} f(x) \text{ は増加．}$$
$$f'(x) < 0 \text{ となる区間では，} f(x) \text{ は減少．}$$

であるといえる．

> **例 5.3.1** $f(x) = xe^x$ のとき，$f'(x) = (x+1)e^x$．したがって，
> 区間 $(-\infty, -1)$ では $f'(x) < 0$ で，$f(x)$ は減少．
> 区間 $(-1, \infty)$ では $f'(x) > 0$ で，$f(x)$ は増加．

5.3.1 極大，極小

$x = a$ に十分近い x の値に対して，つねに，

$$f(x) < f(a) \tag{5.8}$$

となっているとき，$f(x)$ は $x = a$ で極大になるといい，つねに，

$$f(x) > f(a) \tag{5.9}$$

となっているとき，$f(x)$ は $x = a$ で極小になるという．関数の極大極小は定義域の一部分での性質であって，極大，極小が 2 つ以上あることもあれば，極大となる点での関数の値（極大値）が，極小となる点での関数の値（極小値）よりも小さくなることもある．極大値，極小値を総称して**極値**という．

例 5.3.2 $f(x) = x^2$, $f(x) = |x|$, $f(x) = x^{\frac{2}{3}}$ は $x = 0$ で極小となる．あとの 2 つは $x = 0$ で微分可能でない．(5.8) の代わりに，$f(x) \leqq f(a)$ のとき，$x = a$ で広義の極大，(5.9) の代わりに，$f(x) \geqq f(a)$ のとき，$x = a$ で広義の極小という．

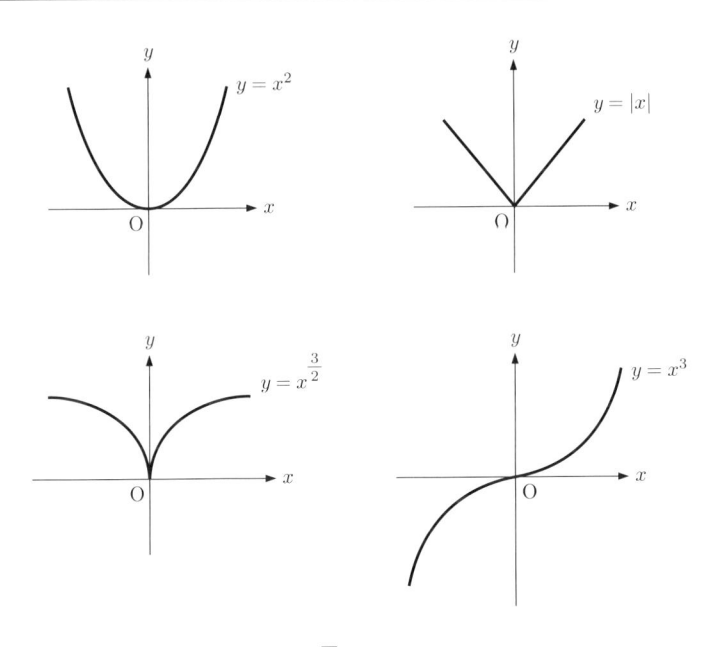

図 5.5

定理 5.2.1 からわかるように，

定理 5.3.2 $f(x)$ が $x = a$ で微分可能，かつ広義の極大または極小のとき，$f'(a) = 0$.

注意 逆は成り立たない．たとえば，$f(x) = x^3$ の $x = 0$ のところを考えよ．

定理 5.3.3 $k>0$ とし,$f(x)$ が $(a-k,a+k)$ で連続,$(a-k,a)$ および $(a,a+k)$ では微分可能とする.x が次第に値を増して a を通るとき,

$f'(x)$ の値が負から正に変われば,$f(x)$ は $x=a$ で極小.

$f'(x)$ の値が正から負に変われば,$f(x)$ は $x=a$ で極大.

例題 5.3.1 $f(x)=e^{-x}\sin x$ の極値を求めて,そのグラフを描け.

解 $f'(x)=e^{-x}(-\sin x+\cos x)$.$f'(x)=0$ となる x を求めると,

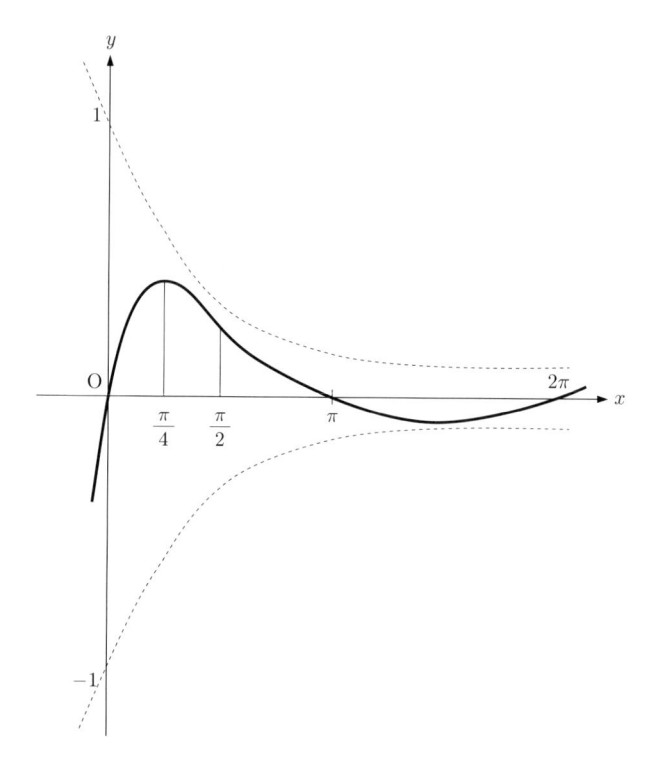

図 5.6

$$-\sin x + \cos x = 0,$$
$$\tan x = 1$$

から，$x = n\pi + \dfrac{\pi}{4}$ （n は整数）．x の値が次第に増していくとき，この値が $n\pi + \dfrac{\pi}{4}$ のところを通るごとに，$f'(x)$ の符号，つまり，$-\sin x + \cos x$ の符号がどう変わるかを調べればよい．それには，$n = 2m$, $n = 2m + 1$ （m は整数）の場合を分けて考えるとよい．

まず，x が $2m\pi + \dfrac{\pi}{4}$ のところを通るときは，$f'(x)$ は $+$ から $-$ へ変わり，$f(x)$ はここで極大値 $f\left(2m\pi + \dfrac{\pi}{4}\right) = \dfrac{1}{\sqrt{2}} e^{-(2m + \frac{1}{4})\pi}$ をとる．また，x が $(2m + 1)\pi + \dfrac{\pi}{4}$ のところを通るときは，$f'(x)$ は $-$ から $+$ へ変わり，$f(x)$ はここで極小値

$$f\left(2m\pi + \dfrac{5}{4}\pi\right) = -\dfrac{1}{\sqrt{2}} e^{-(2m + \frac{5}{4})\pi}$$

をとる．$|f(x)| \leqq e^{-x}$ だから $f(x)$ のグラフは $\pm e^{-x}$ のグラフの間にあり，$\sin x = \pm 1$ のところでこれらのグラフに接する．また，$f(x) = 0$ となるのは $\sin x = 0$ のところである．

以上のことがらを参照してグラフを描くと，上のようになる（ここでは，x 軸と y 軸の寸法は同じでない）．

5.4 テイラーの定理

$h \fallingdotseq 0$ のとき，$f(a + h) \fallingdotseq f(a) + f'(a)h$
であることは，微分係数の定義からすぐに導かれるが，さらに精密に，
$$f(a + h) \fallingdotseq f(a) + f'(a)h + \dfrac{1}{2!} f''(a)h^2 + \cdots + \dfrac{1}{(n-1)!} f^{(n-1)}(a)h^{n-1}$$
が成り立つ．これを導き，さらにそのいろいろな応用を示そう．まず，平均値の定理の拡張として次の **テイラー (Taylor) の定理** が成り立つ．

定理 5.4.1 $f(x)$ が次の性質をもつとする.
(1) $f(x)$ は $[a,b]$ で $n-1$ 回微分可能.
(2) $f^{(n-1)}(x)$ が $[a,b]$ で連続, (a,b) で微分可能.
このとき,
$$f(b) = f(a) + f'(a)(b-a) + \frac{1}{2!}f''(a)(b-a)^2 + \cdots$$
$$+ \frac{1}{(n-1)!}f^{(n-1)}(a)(b-a)^{n-1} + R_n$$
とおけば, R_n は $a < c < b$ なる c を使って,
$$R_n = \frac{1}{n!}f^{(n)}(c)(b-a)^n$$
と書くことができる.

証明 $R_n = k(b-a)^n$ とおき, さらに,
$$g(x) = f(b) - f(x) - f'(x)(b-x) - \frac{1}{2!}f''(x)(b-x)^2 - \cdots$$
$$- \frac{1}{(n-1)!}f^{(n-1)}(x)(b-x)^{n-1} - k(b-x)^n$$
とおけば, R_n の意味から $g(a) = 0$, また, $g(b) = 0$. したがって, ロルの定理 5.2.2 によって, $g'(c) = 0$ $(a < c < b)$ となる c がある. ところが,
$$g'(x) = -f'(x) + (f'(x) - f''(x)(b-x)) + \left(f''(x)(b-x) - \frac{1}{2!}f'''(x)(b-x)^2\right)$$
$$+ \cdots + \left(\frac{1}{(n-2)!}f^{(n-1)}(x)(b-x)^{n-2} - \frac{1}{(n-1)!}f^{(n)}(x)(b-x)^{n-1}\right)$$
$$+ kn(b-x)^{n-1}$$
$$= -\frac{1}{(n-1)!}f^{(n)}(x)(b-x)^{n-1} + kn(b-x)^{n-1}$$
$$= (b-x)^{n-1}n\left(-\frac{1}{n!}f^{(n)}(x) + k\right).$$
だから, $g'(c) = 0$ ということから, $k = \frac{1}{n!}f^{(n)}(c)$.
ゆえに, $R_n = k(b-a)^n = \frac{1}{n!}f^{(n)}(c)(b-a)^n$.

注意 この定理の証明で, $a < b$ ということは使っていないから, $a > b$ でも成り立つ.

定理 5.4.1 の式で $b = a + h$ とおけば,
$$f(a+h) = f(a) + f'(a)h + \frac{1}{2!}f''(a)h^2 + \cdots \qquad (5.10)$$
$$+ \frac{1}{(n-1)!}f^{(n-1)}(a)h^{n-1} + R_n,$$

$R_n = \dfrac{1}{n!}f^{(n)}(c)h^n$ (c は a と $a+h$ の間の数).

さらに,$\dfrac{c-a}{b-a} = \dfrac{c-a}{h} = \theta$ とおけば,$c = a + \theta h$ $(0 < \theta < 1)$. (5.10) において $n=1$ とおくと,これは,平均値の定理である.$n=2$ とおくと,
$$f(a+h) = f(a) + f'(a)h + \frac{1}{2}f''(a+\theta h)h^2 \ (0 < \theta < 1). \qquad (5.11)$$

問 5.2 $n = 0, 1, 2$ の場合にテイラーの定理を書いてみよ.

5.4.1 凸関数

関数 $f(x)$ において,任意の正数 m, n と定義域内の任意の値 x_1, x_2 について,つねに,
$$f\left(\frac{nx_1 + mx_2}{m+n}\right) \leq \frac{nf(x_1) + mf(x_2)}{m+n} \qquad (5.12)$$
となっているとき,$f(x)$ は凸関数であるという.これは,$y = f(x)$ のグラフでいえば,その上の任意の2点を結ぶ線分よりも,グラフの方が下にあることを意味する.

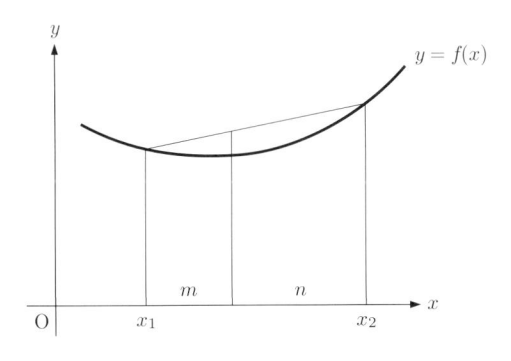

図 5.7

凸関数については，次の定理が基本となる．

> **定理 5.4.2** 任意の x について $f''(x) \geqq 0$ のとき，$f(x)$ は凸関数である．

証明 $a = \dfrac{nx_1 + mx_2}{m+n}, h = \dfrac{x_2 - x_1}{m+n}$ とおくと，$x_1 = a - mh, x_2 = a + nh$ したがって，(5.11) によって，

$$f(x_1) = f(a - mh) = f(a) + f'(a)(-mh) + \frac{1}{2}f''(a - \theta_1 mh)(-mh)^2,$$

$$f(x_2) = f(a + nh) = f(a) + f'(a)nh + \frac{1}{2}f''(a + \theta_2 nh)(nh)^2$$

$$(0 < \theta_1 < 1,\ 0 < \theta_2 < 1).$$

これらから，

$$\frac{nf(x_1) + mf(x_2)}{m+n} \geqq f(a).$$

注意 $m = n$ のときは，$f\left(\dfrac{x_1 + x_2}{2}\right) \leqq \dfrac{f(x_1) + f(x_2)}{2}$.

5.4.2 方程式の解の近似値 (ニュートンの方法)

方程式 $f(x) = 0$ の 1 つの解の近似値として α_0 を得たとき，これよりもっと精密な近似値を次のようにして求めることができる．

解の真の値を $\alpha = \alpha_0 + h$ とおくと，$f(\alpha) = 0$. また，

$$f(\alpha) = f(\alpha_0 + h)$$

$$= f(\alpha_0) + f'(\alpha_0)h + \frac{1}{2}f''(c)h^2$$

(c は α_0 と $\alpha_0 + h$ の間).

だから $f'(\alpha_0) \neq 0$ のとき，

$$h = -\frac{f(\alpha_0)}{f'(\alpha_0)} - \frac{f''(c)}{2f'(\alpha_0)}h^2.$$

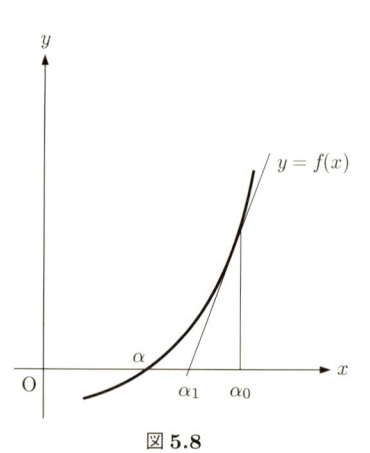

図 5.8

ゆえに，
$$\alpha = \alpha_0 + h \tag{5.13}$$
$$= \alpha_0 - \frac{f(\alpha_0)}{f'(\alpha_0)} - \frac{f''(c)}{2f'(\alpha_0)}h^2$$
$$= \alpha_0 - \frac{f(\alpha_0)}{f'(\alpha_0)}\left(1 + \frac{f''(c)}{2f(\alpha_0)}h^2\right).$$

そこで，h^2 の項を捨てて，α の近似値として，
$$\alpha_1 = \alpha_0 - \frac{f(\alpha_0)}{f'(\alpha_0)} \tag{5.14}$$
をとる．$f(\alpha_0)$ と $f''(c)$ が同符号のときは，α_0 より α_1 の方が α に近い近似値であることが (5.13) の式によってわかる．

実際には，c の値が不明であろうから，$f''(x)$ の符号が α と $\alpha+h$ の間で一定でないと，この結果は使いにくいのである．だから，$x = \alpha_0$ と $x = \alpha_0 + h$ との間で $f(\alpha_0)$ と $f''(x)$ が同符号ならば，α_1 は α_0 よりも精密な近似値となる．という形でこの結果を利用する．

上の α_0 の代わりに α_1 を用いれば，$\alpha_2 = \alpha_1 - \dfrac{f(\alpha_1)}{f'(\alpha_1)}$ はさらに精密な近似値になる．より精密な近似値を得るためには，この方法を繰り返すのである．

例 5.4.1　$x^3 - 3x + 1 = 0$ の 0 と 1 の間の解の近似値．

$f(x) = x^3 - 3x + 1$ とおくと，$f'(x) = 3(x^2 - 1)$, $f''(x) = 6x$.

$x > 0$ では $f''(x) > 0$ である．$\alpha_0 = 0$ とすると，$f(\alpha_0) = f(0) = 1$ は $f''(x)$ と同符号だから，
$$\alpha_1 = 0 - \frac{f(0)}{f'(0)} = \frac{1}{3} = 0.333\cdots$$
は $\alpha_0 = 0$ よりよい近似値である．$f(\alpha_1) = f\left(\dfrac{1}{3}\right) = \dfrac{1}{27}$ も $f''(x) > 0$ と同符号で，
$$\alpha_2 = \frac{1}{3} - \frac{f\left(\dfrac{1}{3}\right)}{f'\left(\dfrac{1}{3}\right)} = \frac{1}{3} + \frac{1}{72} = 0.347\cdots$$
はもっとよい近似値である．

(5.10) から,次のことが得られる.

> **定理 5.4.3** $f'(a) = 0, f''(a) = 0, \cdots, f^{(2n-1)}(a) = 0$ のとき,
> $$f^{(2n)}(a) > 0 \text{ ならば}, f(x) \text{ は } x = a \text{ で極小},$$
> $$f^{(2n)}(a) < 0 \text{ ならば}, f(x) \text{ は } x = a \text{ で極大}.$$
> 特に,
> $$f'(a) = 0, f''(a) > 0 \text{ ならば}, f(x) \text{ は } x = a \text{ で極小},$$
> $$f'(a) = 0, f''(a) < 0 \text{ ならば}, f(x) \text{ は } x = a \text{ で極大}.$$

> **例 5.4.2** $f(x) = x^3 - x^2$ では $f'(x) = 3x^2 - 2x, f''(x) = 6x - 2$. $f'(0) = 0, f''(0) < 0$ だから $f(x)$ は $x = 0$ で極大, $f'\left(\dfrac{2}{3}\right) = 0, f''\left(\dfrac{2}{3}\right) > 0$ だから $f(x)$ は $x = \dfrac{2}{3}$ で極小.

5.5 関数の展開

p.85 (5.10) において,$a = 0, h = x$ とおけば,次の結果が得られる.

> **定理 5.5.1**
> $$f(x) = f(0) + f'(0)x + \frac{1}{2!}f''(0)x^2 + \cdots + \frac{1}{(n-1)!}f^{(n-1)}(0)x^{n-1} + R_n,$$
> $$R_n = \frac{1}{n!}f^{(n)}(\theta x)x^n \quad (0 < \theta < 1).$$

これをマクローリン (Maclaurin) の式といい,R_n をその剰余項という.次に,実例をあげよう.

(I) $f(x) = e^x$.

このときは,$f^{(k)}(x) = e^x \ (k = 1, 2, \cdots)$. ゆえに,$f(0) = 1, f'(0) = 1, \cdots, f^{(n-1)}(0) = 1, \cdots$.

$$e^x = 1 + x + \frac{x^2}{2!} + \cdots + \frac{x^{n-1}}{(n-1)!} + \frac{x^n}{n!}e^{\theta x} \quad (0 < \theta < 1).$$

(II) $f(x) = \sin x$.

p.36 の例 3.2.4 により,
$$f(0) = 0,\ f'(0) = 1,\ f''(0) = 0,\ f'''(0) = -1,\ f''''(0) = 0,\ \cdots.$$
また, $f^{(2k+1)}(x) = \sin\left(x + \dfrac{2k+1}{2}\pi\right) = (-1)^k \cos x$. ゆえに,
$$\sin x = x - \frac{x^3}{3!} + \frac{x^5}{5!} - \cdots + (-1)^{n-1}\frac{x^{2n-1}}{(2n-1)!}$$
$$+ (-1)^n \frac{x^{2n+1}}{(2n+1)!} \cos\theta x \quad (0 < \theta < 1).$$
同様にして,
$$\cos x = 1 - \frac{x^2}{2!} + \frac{x^4}{4!} - \cdots + (-1)^{n-1}\frac{x^{2n-2}}{(2n-2)!}$$
$$+ (-1)^n \frac{x^{2n}}{(2n)!} \cos\theta x \quad (0 < \theta < 1).$$

問 5.3 $\cos x$ の展開式を導け.

(III) $f(x) = \log(1+x)$

p.35 の例 3.2.1 と同様にして,
$$f^{(k)}(x) = (-1)^{k-1}(k-1)!(1+x)^{-k}.$$
ゆえに,
$$\frac{f^{(k)}(0)}{k!} = \frac{(-1)^{k-1}(k-1)!}{k!} = \frac{(-1)^{k-1}}{k} \quad (k=1,2,\cdots).$$
したがって,
$$\log(1+x) = x - \frac{x^2}{2} + \frac{x^3}{3} - \cdots + (-1)^{n-2}\frac{x^{n-1}}{n-1}$$
$$+ (-1)^{n-1}\frac{x^n}{n} \cdot \frac{1}{(1+\theta x)^n} \quad (0 < \theta < 1).$$

(IV) $f(x) = (1+x)^a$

p.35 の例 3.2.1 と同様にして,
$$f^{(k)}(x) = a(a-1)(a-2)\cdots(a-k+1)(1+x)^{a-k}.$$
ゆえに,
$$\frac{f^k(0)}{k!} = \frac{a(a-1)(a-2)\cdots(a-k+1)}{k!}.$$

したがって，
$$(1+x)^a = 1 + ax + \frac{a(a-1)}{2!}x^2 + \cdots$$
$$+ \frac{a(a-1)(a-2)\cdots(a-n+2)}{(n-1)!}x^{n-1}$$
$$+ \frac{a(a-1)(a-2)\cdots(a-n+1)}{n!}x^n(1+\theta x)^{a-n} \quad (0 < \theta < 1).$$

特に，$a = n$（自然数）のときは，この展開式は代数学における二項定理に帰着する．また，$a = -1$ のときは，
$$\frac{1}{1+x} = 1 - x + x^2 - \cdots + (-1)^{n-1}x^{n-1} + (-1)^n \frac{x^n}{(1+\theta x)^{n+1}} \quad (0 < \theta < 1).$$
$a = \dfrac{1}{2}$ のときは，
$$\sqrt{1+x} = 1 + \frac{1}{2}x - \frac{1}{2\cdot 4}x^2 + \frac{1\cdot 3}{2\cdot 4\cdot 6}x^3 - \frac{1\cdot 3\cdot 5}{2\cdot 4\cdot 6\cdot 8}x^4 + \cdots$$
$$+ (-1)^{n-1}\frac{1\cdot 3\cdot 5\cdots(2n-3)}{2\cdot 4\cdot 6\cdots(2n)}x^n(1+\theta x)^{\frac{1}{2}-n}.$$

5.5.1 関数の整級数展開

一般に，$S_n = a_1 + a_2 + \cdots + a_n$ とおくとき，$\lim_{n\to\infty} S_n = S$ ならば，無限級数 $a_1 + a_2 + a_3 + \cdots$ の和が S である．このことは，次のようにいってもよい．
$$S = a_1 + a_2 + \cdots + a_{n-1} + R_n \quad \text{とおくと，} \quad \lim_{n\to\infty} R_n = 0$$
となっているとき，
$$S = a_1 + a_2 + \cdots + a_{n-1} + \cdots.$$
このことを，関数 $f(x)$ の整級数による展開
$$f(x) = c_0 + c_1 x + c_2 x^2 + \cdots + c_n x^n + \cdots$$
で考えてみよう．その場合，次の定理が基本になる．

定理 5.5.2 任意の数 x に対して，$\displaystyle\lim_{n\to\infty}\frac{x^n}{n!} = 0$.

証明 このことは $x > 0$ のときを証明すれば，$x < 0$ のときはすぐ導かれる．$x = 0$ は問題でない．そこで，$x > 0$ として考えよう．x は定まった数だ

から，$2x < N$ となる整数 N をとると，$k > N$ なる k に対しては，
$$\frac{x}{k} < \frac{N}{2k} < \frac{1}{2} \quad (k = N+1, N+2, \cdots).$$
ゆえに $n > N$ のとき，
$$\frac{x^n}{n!} = \frac{x^N}{N!} \cdot \frac{x}{N+1} \cdot \frac{x}{N+2} \cdots \frac{x}{n} < \frac{x^N}{N!} \cdot \frac{1}{2} \cdot \frac{1}{2} \cdots \frac{1}{2}.$$
すなわち，$\dfrac{x^n}{n!} < \dfrac{x^N}{N!}\left(\dfrac{1}{2}\right)^{n-N}$．ところが，$\displaystyle\lim_{n\to\infty}\left(\dfrac{1}{2}\right)^{n-N} = 0$ だから $\displaystyle\lim_{n\to\infty}\dfrac{x^n}{n!} = 0.$

この結果を使って，いろいろな関数の整級数展開が得られる．まず，
$$e^x = 1 + x + \frac{x^2}{2!} + \cdots + \frac{x^{n-1}}{(n-1)!} + \frac{x^n}{n!}e^{\theta x} \quad (0 < \theta < 1)$$
では，$R_n = \dfrac{x^n}{n!}e^{\theta x}$．$e^{\theta x} \leqq e^{|x|}$ だから，定理 5.5.2 により，$\displaystyle\lim_{n\to\infty} R_n = 0$.

定理 5.5.3 $e^x = 1 + x + \dfrac{x^2}{2!} + \cdots + \dfrac{x^n}{n!} + \cdots$．

同様にして，

定理 5.5.4 $\sin x = x - \dfrac{x^3}{3!} + \dfrac{x^5}{5!} - \cdots + (-1)^{n-1}\dfrac{x^{2n-1}}{(2n-1)!} + \cdots,$
$\cos x = 1 - \dfrac{x^2}{2!} + \dfrac{x^4}{4!} - \cdots + (-1)^n\dfrac{x^{2n}}{(2n)!} + \cdots.$

これらの展開式は，x の値が何であっても成り立つが，$\log(1+x)$ や $(1+x)^a$ についてはそうはいかない．実際，これらについては，

定理 5.5.5 $1 \geqq x > -1$ である x に対して，
$$\log(1+x) = x - \frac{x^2}{2} + \frac{x^3}{3} - \cdots + (-1)^{n-1}\frac{x^n}{n} + \cdots.$$

問 5.4 $\sin x$ の整級数展開を求めよ．
問 5.5 $\cos x$ の整級数展開を求めよ．
問 5.6 $\log(1+x)$ の整級数展開を求めよ．

定理 5.5.6 $1 > x > -1$ である x に対して，
$$(1+x)^a = 1 + ax + \frac{a(a-1)}{2!} + \cdots + \frac{a(a-1)(a-2)\cdots(a-n+1)}{n!}x^n \cdots.$$

また，一般に，$|x| < r$ (r は正の定数) である x に対して，
$$f(x) = a_0 + a_1 x + a_2 x^2 + \cdots + a_n x^n + \cdots \tag{5.15}$$
となっているとき，同じ範囲の x に対して，
$$f'(x) = a_1 + 2a_2 x + 3a_3 x^2 + \cdots + n a_n x^{n-1} + \cdots, \tag{5.16}$$
$$\int f(x)dx = c + a_0 x + \frac{a_1}{2}x^2 + \frac{a^2}{3}x^3 + \cdots + \frac{a_n}{n+1}x^{n+1}\cdots \tag{5.17}$$
であることもわかっている．(5.15) から (5.16) を導くことを，
$$\sin x = x - \frac{x^3}{3!} + \frac{x^5}{5!} - \cdots + (-1)^n \frac{x^{2n+1}}{(2n+1)!} + \cdots$$
に適用すれば $(\sin x)' = \cos x, (x^{2n+1})' = (2n+1)x^{2n}$ であることから，
$$\cos x = 1 - \frac{x^2}{2!} + \frac{x^4}{4!} - \cdots + (-1)^n \frac{x^{2n}}{(2n)!} + \cdots.$$
また，(5.15) から (5.17) を導くことを，
$$\frac{1}{1+x} = 1 - x + x^2 - x^3 + \cdots + (-1)^{n-1} x^{n-1} + \cdots \quad (|x| < 1)$$
に適用すれば，$\int \frac{1}{1+x}dx = \log(1+x)$ だから，
$$\log(1+x) = c + x - \frac{x^2}{2} + \frac{x^3}{3} - \cdots + (-1)^{n-1}\frac{x^n}{n} + \cdots.$$
$x = 0$ とおけば $c = 0$ となるから，
$$\log(1+x) = x - \frac{x^2}{2} + \frac{x^3}{3} - \cdots + (-1)^{n-1}\frac{x^n}{n} + \cdots \quad (|x| < 1).$$
また，$\frac{1}{1+x^2} = 1 - x^2 + x^4 - x^6 + \cdots + (-1)^{n-1} x^{2n-2} + \cdots \quad (|x| < 1)$
に適用すれば，$\int \frac{dx}{1+x^2} = \tan^{-1} x$，また，$\tan^{-1} 0 = 0$ であることから，

定理 5.5.7 $\tan^{-1} x = x - \frac{x^3}{3} + \frac{x^5}{5} - \cdots + (-1)^{n-1}\frac{x^{2n-1}}{2n-1} + \cdots.$

前に p.39 で e^{ix} を，
$$e^{ix} = \cos x + i \sin x \tag{5.18}$$

によって定義した．いま，e^x の展開式（定理 5.5.3）の右辺において，x のところへ形式的に ix を代入すると，

$$1 + ix + \frac{1}{2!}(ix)^2 + \frac{1}{3!}(ix)^3 + \frac{1}{4}(ix)^4 + \cdots$$
$$= \left(1 - \frac{1}{2!}x^2 + \frac{1}{4!}x^4 - \cdots\right) + i\left(x - \frac{1}{3!}x^3 + \cdots\right).$$

定理 5.5.4 を参照すればこの式は $\cos x + i \sin x$ となる．このことからも (5.18) が妥当であることが察せられる．

5.5.2 関数値の近似計算

これまでに得られた展開式は，関数の値の近似値を求めるのに利用される．

例 5.5.1 e の近似値．

p.91 の e^x の展開式で $x = 1$ とおくと，
$$e = 1 + 1 + \frac{1}{2!} + \frac{1}{3!} + \frac{1}{4!} + \cdots. \tag{5.19}$$
これを $\frac{1}{10!}$ の項までとって計算すると，
$$e = 2.7182814 \tag{5.20}$$
が得られる．この場合の誤差の限界を調べてみよう．まず，p.8 で述べたように，$e < 3$．p.91 の e^x の展開式によれば，
$$e = 1 + 1 + \frac{1}{2!} + \frac{1}{3!} + \cdots + \frac{1}{10!} + \frac{1}{11!}e^\theta$$
だから，誤差は $\frac{1}{11!}e^\theta$ である．$0 < \theta < 1$ であるから，
$$\frac{1}{11!}e^\theta < \frac{1}{10!} \cdot \frac{e}{11} < \frac{1}{10!} \cdot \frac{3}{11} < 0.0000001. \tag{5.21}$$
(5.19) の各項は計算するのに，小数第 8 位以下は切り捨てであるから，切り捨てによる誤差は $\frac{1}{3!}$ から $\frac{1}{10!}$ までの和の小数第 7 位の 8 を超えない．これと (5.21) を，近似値 (5.20) での誤差は小数第 7 位の 9 を超えない．したがって，
$$e = 2.71828$$
とすれば，小数第 5 位まで正しく求められている．

注意 実際の計算にあたっては，このようにいちいち誤差の見積もりをやらないでも，第何項までとれば必要な桁数まで求められるかは，順次に第1項，第2項，… と計算していけばだいたいわかる．以下の例は，この方法で取り扱う．

例 5.5.2 $\log_e a$ の近似値を求めるのに a が 1 に近い値であれば，p.91 の $\log_e(1+x)$ の展開式で $x = a-1$ とおいて計算してもよいわけであるが，一般には次の方法によるのがよい．まず，x が 0 に近ければ，
$$\log(1+x) \fallingdotseq x - \frac{x^2}{2} + \frac{x^3}{3} - \cdots + \frac{x^{2n-1}}{2n-1} - \frac{x^{2n}}{2n}.$$
x の代わりに $-x$ とおくと，
$$\log(1-x) \fallingdotseq -x - \frac{x^2}{2} - \frac{x^3}{3} - \cdots - \frac{x^{2n-1}}{2n-1} - \frac{x^{2n}}{2n}.$$
この 2 つの式を引いて，
$$\log \frac{1+x}{1-x} \fallingdotseq 2\left(x + \frac{x^3}{3} + \frac{x^5}{5} + \cdots + \frac{x^{2n-1}}{2n-1}\right).$$
$\log_e a$ を求めるには，この式で，$\dfrac{1+x}{1-x} = a$ すなわち，$x = \dfrac{a-1}{a+1}$ とおけばよい．この場合，a がどんな正数でも，$-1 < x < 1$ であり，特に，a が 1 に近ければ x は 0 に近い．たとえば，$a = 2$ のときは $x = \dfrac{1}{3}$ だから，
$$\log_e 2 \fallingdotseq 2\left(\frac{1}{3} + \frac{1}{3}\left(\frac{1}{3}\right)^3 + \frac{1}{5}\left(\frac{1}{3}\right)^5 + \cdots + \frac{1}{2n-1}\left(\frac{1}{3}\right)^{2n-1}\right). \tag{5.22}$$
$n = 6$ として計算すれば，$\log_e 2 = 0.69314\cdots$．
また，$a = \dfrac{5}{4}$ のときは $x = \dfrac{1}{9}$ だから，
$$\log_e \frac{5}{4} \fallingdotseq 2\left(\frac{1}{9} + \frac{1}{3}\left(\frac{1}{9}\right)^3 + \frac{1}{5}\left(\frac{1}{9}\right)^5 + \cdots + \frac{1}{2n-1}\left(\frac{1}{9}\right)^{2n-1}\right). \tag{5.23}$$
$n = 3$ として計算すれば，$\log_e \dfrac{5}{4} = 0.22314\cdots$．

(5.22), (5.23) より，$\log_e 10 = 3\log_e 2 + \log_e \dfrac{5}{4} = 2.3025\cdots$．

注意 このようにして，$\log_e 10$, $\log_e a$ が求められるから，常用対数 $\log_{10} a$ が $\log_{10} a = \dfrac{\log_e a}{\log_e 10}$ によって求められるのである．

例 **5.5.3** $\sqrt[3]{2}$ の近似値.

整数 n とその 3 乗を書いてみると，

n	2	3	4	5	6	7	8
n^3	8	27	64	125	216	343	512

この n^3 の中で割って 2 に近くなるものとしては，64 と 125 が考えられる．すなわち，$\left(\dfrac{5}{4}\right)^3 \fallingdotseq \dfrac{125}{64}$，これを利用して，次のような計算をする．

$$\sqrt[3]{2} = \frac{5}{4}\left(\frac{64}{125}\cdot 2\right)^{\frac{1}{3}} = \frac{5}{4}\left(1+\frac{3}{125}\right)^{\frac{1}{3}}.$$

ところが p.89 (IV) によれば，x が 0 に近いとき，

$$(1+x)^{\frac{1}{3}} = 1+\frac{1}{3}x+\frac{1}{2!}\frac{1}{3}\left(\frac{1}{3}-1\right)x^2+\frac{1}{3!}\frac{1}{3}\left(\frac{1}{3}-1\right)\left(\frac{1}{3}-2\right)x^3+\cdots$$

$$= 1+\frac{1}{3}x-\frac{1}{9}x^2+\frac{5}{27}x^2-\cdots.$$

であるから，

$$\left(1+\frac{3}{125}\right)^{\frac{1}{3}} = (1+0.024)^{\frac{1}{3}} = 1+\frac{1}{3}(0.024)-\frac{1}{9}(0.024)^2+\frac{5}{27}(0.024)^3-\cdots$$

$$= 1+0.008-(0.008)^2+5(0.008)^3-\cdots \fallingdotseq 1.0079385.$$

となり，$\sqrt[3]{2} \fallingdotseq \dfrac{5}{4}\times 1.0079385 = 1.259992.$

5.6 無限小および無限大の位数

$x \fallingdotseq 0$ のとき，$x^2, x^3, \sin x$ なども 0 に近い数であるが，その小ささの程度には，いろいろの段階がある．このようなことを考えるのが，無限小の位数である．一般に，

$$\lim_{x\to 0} f(x) = 0$$

のとき，$f(x)$ は $x\to 0$ に対して無限小であるという．たとえば，$x\to 0$ に対して $\sqrt{x}, x^2, \sin x$ などは無限小である．

$\alpha > 0$ とし，$f(x)$ が x^α と同じ程度の小ささ，すなわち，
$$\lim_{x \to 0} \frac{f(x)}{x^\alpha} = A(\neq 0) \quad (A \text{ は } 0 \text{ でも } \pm\infty \text{ でもない})$$
となっているとき，$f(x)$ は x に対して α 位の無限小であるという．

例 5.6.1 x に対し $\sqrt{x}$ は $\frac{1}{2}$ 位，$3x^2$ は 2 位の無限小．

例 5.6.2 $\displaystyle\lim_{x \to 0} \frac{\sin x}{x} = 1$ だから，$\sin x$ は x に対し 1 位の無限小，また，定理 5.2.7 によれば，$\displaystyle\lim_{x \to 0} \frac{1 - \cos x}{x^2} = \lim_{x \to 0} \frac{\sin x}{2x} = \frac{1}{2}$．だから，$1 - \cos x$ は，x に対し 2 位の無限小である．

5.6.1 記号 $O(x^\alpha)$

$x \to 0$ に対して $\left|\dfrac{f(x)}{x^\alpha}\right| < A$ $(\alpha > 0)$ となる定数 A があるとき，
$$f(x) = O(x^\alpha)$$
という記号を使うことがある．$f(x)$ が x^α と同位または高位ならば，もちろん $f(x) = O(x^\alpha)$ であるが，$\left|x^\alpha \sin \dfrac{1}{x} / x^\alpha\right| = \left|\sin \dfrac{1}{x}\right| < 2 \ (= A)$ だから，
$$x^\alpha \sin \frac{1}{x} = O(x^\alpha).$$
この記号を使うと，
$$e^x = 1 + x + \frac{x^2}{2!} + \cdots + \frac{x^{n-1}}{(n-1)!} + O(x^n).$$
$\sin x, \cos x, \log(1+x), (1+x)^a$ などの展開式についても同じである．
記号 $O(x^\alpha)$ については，次の式が成り立つ．
$$O(x^\alpha) + O(x^\alpha) = O(x^\alpha), \quad O(x^\alpha)O(x^\beta) = O(x^{\alpha+\beta}).$$
$O(x^\alpha)$ は関数の性質を表す記号であるから，上の左の式のような関係式も成り立つのである．

例題 5.6.1
定まった円で、中心角が 1 位の無限小のとき、これに対する弧の長さと弦の長さの差は何位の無限小であるか．

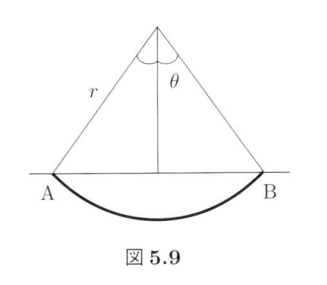

図 5.9

解 半径を r，中心角の大きさを θ とすると、弧の長さは $r\theta$，弦の長さは $2r\sin\dfrac{\theta}{2}$ で、その差は、

$$r\theta - 2r\sin\frac{\theta}{2} = r\theta - 2r\left(\frac{\theta}{2} - \frac{1}{3!}\left(\frac{\theta}{2}\right)^3 + O(\theta^5)\right)$$

$$= \frac{r}{24}\theta^3 + O(\theta^5).$$

これは、3 位の無限小である．

例題 5.6.2
n がきわめて大きいとき、次の式が成り立つことを証明せよ．

$$\left(1+\frac{1}{n}\right)^n = e\left(1 - \frac{1}{2n} + \frac{11}{24n^2} + O\left(\frac{1}{n^3}\right)\right).$$

解 $\dfrac{1}{n} = x$ とおいて考える．$1+x = e^{\log(1+x)}$ だから、

$$\left(1+\frac{1}{n}\right)^n = (1+x)^{\frac{1}{x}} = e^{\frac{1}{x}\log(1+x)}.$$

ところが、

$$\frac{1}{x}\log(1+x) = \frac{1}{x}\left(x - \frac{x^2}{2} + \frac{x^3}{3} + O(x^4)\right) = 1 - \frac{x}{2} + \frac{x^2}{3} + O(x^3).$$

ゆえに，

$$e^{\frac{1}{x}\log(1+x)} = e^{1-\frac{x}{2}+\frac{x^2}{3}+O(x^3)} = e \cdot e^{-\frac{x}{2}+\frac{x^2}{3}+O(x^3)}$$

$$= e\left(1 + \left(-\frac{x}{2}+\frac{x^2}{3}+O(x^3)\right) + \frac{1}{2}\left(-\frac{x}{2}+\frac{x^2}{3}+O(x^3)\right)^2 + O(x^3)\right)$$

$$= e\left(1 - \frac{x}{2} + \frac{11x^2}{24} + O(x^3)\right)$$

となって，求める式が得られる．

例題 5.6.3 次の極限値を求めよ．
$$\lim_{x\to 0}\frac{e^x + e^{-x} - 2}{x^2}.$$

解 $e^x = 1 + x + \dfrac{x^2}{2} + O(x^3),\ e^{-x} = 1 - x + \dfrac{x^2}{2} + O(x^3)$ だから，

$$\lim_{x\to 0}\frac{e^x+e^{-x}-2}{x^2} = \lim_{x\to 0}\frac{1+x+\dfrac{x^2}{2}+O(x^3)+1-x+\dfrac{x^2}{2}+O(x^3)-2}{x^2}$$
$$= \lim_{x\to 0}\frac{x^2+O(x^3)}{x^2} = \lim_{x\to 0}(1+O(x)) = 1.$$

注意 例題 5.6.3 のような展開式で，混乱が生じなければ，$O(x), O(x^2)$ などといちいち書く代わりに，単に $\cdots$ と書いて計算しても差し支えない．

$\displaystyle\lim_{x\to\infty} f(x) = \infty$ のとき，$f(x)$ は $x \to \infty$ に対して無限大であるといい，

$$\lim_{x\to\infty}\frac{f(x)}{x^\alpha} = \ell \quad (\alpha > 0,\ \ell\text{は}0\text{でない有限値})$$

のとき，$f(x)$ は α 位の無限大であるという．

たとえば $\displaystyle\lim_{x\to\infty}\frac{\dfrac{x^3}{4x+1}}{x^2} = \lim_{x\to\infty}\frac{1}{4+\dfrac{1}{x}} = \frac{1}{4}$. だから，$\dfrac{x^3}{4x+1}$ は x に対して 2 位の無限大である．

$x > 0$ のとき，e^x は x^n に比べてきわめて大きい．実際，
$$e^x = 1 + x + \frac{x^2}{2!} + \cdots + \frac{x^n}{n!} + \frac{x^{n+1}}{(n+1)!}e^{\theta x} > \frac{x^{n+1}}{(n+1)!}$$

により, $\dfrac{e^x}{x^n} > \dfrac{x}{(n+1)!}$, これから, $\lim\limits_{x\to\infty} \dfrac{e^x}{x^n} = \infty$.

したがって, $x \to \infty$ のとき, n をどんなに大きくとっても, e^x は x^n より高位の無限大である.

―――――― 第 5 章 演習問題 ――――――

1. 次の極限値を求めよ.
  (1) $\lim\limits_{x\to 0} \dfrac{\sin x - x\cos x}{\sin x - x}$.　　(2) $\lim\limits_{x\to\infty} \dfrac{\log x}{x^n}$ $(n>0)$.　　(3) $\lim\limits_{x\to +0} x^x$.
  (4) $\lim\limits_{x\to 0}(e^x + x)^{\frac{1}{x}}$.

2. $\varphi(x)$ が $[a,b]$ で n 回微分可能かつ, $\varphi(a), \varphi(b), \varphi'(a), \varphi''(a), \cdots, \varphi^{(n-1)}(a)$ がすべて 0 のとき, $\varphi^{(n)}(c) = 0$ $(a < c < b)$ なる c が存在することを示せ. また, $a > b$ でもこの結果は正しい. なぜか.

3. $\varphi(x) = f(x) - f(a) - \dfrac{1}{2}(x-a)(f'(x) + f'(a)) - (x-a)^3 k$ とおき, 定数 k を $\varphi(b) = 0$ となるように定める. この $\varphi(x)$ に 2 $(n=2)$ を適用して次の式を導け (c は a と b の間の数).

$$f(b) = f(a) + \dfrac{1}{2}(b-a)(f'(a) + f'(b)) - \dfrac{1}{12}(b-a)^3 f'''(c).$$

6　1変数の不定積分と定積分

6.1　不定積分

関数 $f(x)$ に対して，$F'(x) = f(x)$ となる関数 $F(x)$ が $f(x)$ の不定積分で，これが $\int f(x)\,dx$ である．これについて，次が成り立つ．

> **定理 6.1.1**　$f = f(x), g = g(x)$ に対して，
> $$\int (f+g)\,dx = \int f\,dx + \int g\,dx$$
> $$\int cf\,dx = c\int f\,dx \quad (c\text{ は定数}).$$

また，次の諸公式が成り立つ．

> **定理 6.1.2**
> $$\int x^a\,dx = \frac{x^{a+1}}{a+1}\,(a \neq -1).$$
> $$\int \frac{dx}{x} = \log|x|, \quad \int e^x\,dx = e^x.$$
> $$\int \sin x\,dx = -\cos x, \quad \int \cos x\,dx = \sin x.$$
> $$\int \sec^2 x\,dx = \tan x, \quad \int \operatorname{cosec}^2 x\,dx = -\cot x.$$
> $$\int \frac{dx}{x^2+a^2} = \frac{1}{a}\tan^{-1}\frac{x}{a} \quad (a \neq 0),$$
> $$\int \frac{dx}{\sqrt{a^2-x^2}} = \sin^{-1}\frac{x}{a} \quad (a > 0).$$

6.1 不定積分

定理 6.1.3 $\int fg'dx = fg - \int f'g\,dx$ （部分積分法）.
特に，
$$\int f\,dx = xf - \int f'\,dx.$$

例 6.1.1
$$\int xe^x\,dx = \int x(e^x)'\,dx = xe^x - \int e^x\,dx = xe^x - e^x = (x-1)e^x.$$

例 6.1.2 $\int \log x\,dx = x\log x - \int x\cdot\frac{1}{x}\,dx = x\log x - x = x(\log x - 1).$

例 6.1.3 $S = \int e^{ax}\sin bx\,dx,\ C = \int e^{ax}\cos bx\,dx\ \ (a^2+b^2\neq 0).$

まず $a\neq 0$ とし，S に部分積分を行って，
$$S = \frac{1}{a}e^{ax}\sin bx - \int \frac{1}{a}e^{ax}\cdot b\cos bx\,dx = \frac{1}{a}e^{ax}\sin bx - \frac{b}{a}C.$$
ゆえに，
$$aS + bC = e^{ax}\sin bx. \tag{6.1}$$
また，C に部分積分を行って，
$$C = \frac{1}{a}e^{ax}\cos bx - \int \frac{1}{a}e^{ax}b(-\sin bx)\,dx = \frac{1}{a}e^{ax}\cos bx + \frac{b}{a}S.$$
ゆえに，
$$bS - aC = -e^{ax}\cos bx. \tag{6.2}$$
(6.1), (6.2) を S, C について解いて，
$$S = \int e^{ax}\sin bx\,dx = \frac{e^{ax}(a\sin bx - b\cos bx)}{a^2+b^2},$$
$$C = \int e^{ax}\cos bx\,dx = \frac{e^{ax}(b\sin bx + a\cos bx)}{a^2+b^2}.$$
この結果は，$a=0$ でも正しいことは，直接にわかる．

注意 p.39 の考えによって，次のようにして求めてもよい．

$$C + iS = \int e^{ax}(\cos bx + i\sin bx)dx = \int e^{(a+bi)x}dx = \frac{e^{(a+bi)x}}{a+bi}$$

$$= \frac{a-bi}{a^2+b^2}e^{ax}(\cos bx + i\sin bx)$$

$$= \frac{1}{a^2+b^2}e^{ax}((a\cos bx + b\sin bx) + i(a\sin bx - b\cos bx)).$$

> **定理 6.1.4** $x = g(t)$ とおくと，$\int f(x)\,dx = \int f(g(t))g'(t)\,dt.$

これによる積分法が **置換積分法** である．この公式は，左辺の dx のところへ微分 $dx = g'(t)\,dt$ を形式的に代入したものになっている．この積分法は，次のように利用されることも多い．

$f(x)\,dx$ が，ある $\varphi(x)$ を使って，$f(x)\,dx = F(\varphi(x))\varphi'(x)\,dx$ と書けるときは $\varphi(x) = u$ とおくことによって，

$$\int f(x)\,dx = \int F(\varphi(x))\varphi'(x)\,dx = \int F(u)\,du.$$

> **例 6.1.4**
> $$\int x\sqrt{x^2+1}\,dx = \int \sqrt{x^2+1} \cdot \frac{1}{2} \cdot 2x\,dx \quad (x^2+1 = u \text{ とおく})$$
> $$= \int \sqrt{u}\,\frac{1}{2}\,du = \frac{1}{2}\frac{2}{3}u^{\frac{3}{2}} = \frac{1}{3}(x^2+1)^{\frac{3}{2}}.$$

> **例 6.1.5** $\int \tan x\,dx = \int \frac{\sin x}{\cos x}dx \quad (\cos x = u \text{ とおく})$
> $$= \int \frac{-du}{u} = -\log|u| = -\log|\cos x|.$$

> **例 6.1.6**
> $$\int \operatorname{cosec} x\,dx = \int \frac{dx}{\sin x} = \int \frac{dx}{2\sin\frac{x}{2}\cos\frac{x}{2}} = \int \frac{\sec^2\frac{x}{2}\,dx}{2\tan\frac{x}{2}}.$$
> そこで，$\tan\frac{x}{2} = u$ とおけば，$\frac{1}{2}\sec^2\frac{x}{2}\,dx = du.$ したがって，

$$\int \operatorname{cosec} x\,dx = \int \frac{du}{u} = \log|u| = \log\left|\tan\frac{x}{2}\right|.$$
また，$\sec x = \operatorname{cosec}\left(x + \frac{\pi}{2}\right)$ だから，$x + \frac{\pi}{2} = u$ とおけば $dx = du$ となり，
$$\int \sec x\,dx = \int \operatorname{cosec} u\,du = \log\left|\tan\frac{u}{2}\right| = \log\left|\tan\left(\frac{x}{2} + \frac{\pi}{4}\right)\right|.$$

注意 例 6.1.4 〜 例 6.1.6 のような置換では，計算に習熟した上は，いちいち実際に置き換えを行うことなく，直接，暗算で結果を導けばよい．

はじめから $x = g(t)$ を与えて，定理 6.1.4 を使うこともきわめて多い．

例 6.1.7 $\displaystyle \int x\sqrt{1-x}\,dx.$

$\sqrt{1-x} = t$ とおけば，$x = 1 - t^2$, $dx = -2t\,dt$. ゆえに，
$$I = \int (1 - t^2)t(-2t\,dt) = \int 2(-t^2 + t^4)\,dt$$
$$= -\frac{2}{3}t^3 + \frac{2}{5}t^5 = \frac{2}{15}t^3(-5 + 3t^2).$$
$t = \sqrt{1-x}$ を戻して，$I = \dfrac{-2}{15}(1-x)^{\frac{3}{2}}(3x + 2).$

6.2 漸化式と有理関数の積分

n が自然数のとき，$I_n = \displaystyle\int \sin^n x\,dx$ を求めることを考えよう．まず，
$$I_n = \int \sin^{n-2} x(1 - \cos^2 x)\,dx = I_{n-2} - \int \sin^{n-2} x \cos^2 x\,dx.$$
ところが，
$$\int \sin^{n-2} x \cos^2 x\,dx = \int \left(\frac{\sin^{n-1} x}{n-1}\right)' \cos x\,dx$$
$$= \frac{1}{n-1}\sin^{n-1} x \cos x - \int \frac{\sin^{n-1} x}{n-1}(\cos x)'\,dx$$
$$= \frac{1}{n-1}\sin^{n-1} x \cos x + \frac{1}{n-1}I_n.$$

ゆえに，
$$I_n = I_{n-2} - \left(\frac{1}{n-1} \sin^{n-1} x \cos x + \frac{1}{n-1} I_n \right).$$
これから，I_n を求めると，
$$I_n = -\frac{1}{n} \sin^{n-1} x \cos x + \frac{n-1}{n} I_{n-2}.$$
$\int \cos^n x \, dx$ も同様に考えて，結局次の漸化式が得られる．

定理 6.2.1

$$\int \sin^n x \, dx = -\frac{1}{n} \sin^{n-1} x \cos x + \frac{n-1}{n} \int \sin^{n-2} x \, dx,$$

$$\int \cos^n x \, dx = \frac{1}{n} \cos^{n-1} x \sin x + \frac{n-1}{n} \int \cos^{n-2} x \, dx.$$

このような式を繰り返し使うと，$\int \sin^n x \, dx, \int \cos^n x \, dx$ を求めることができる．たとえば，$I_n = \int \sin^n x \, dx$ とおくとき，

$$I_4 = \int \sin^4 x \, dx = -\frac{1}{4} \sin^3 \cos x + \frac{3}{4} I_2$$

$$= -\frac{1}{4} \sin^3 x \cos x + \frac{3}{4} \left(-\frac{1}{2} \sin x \cos x + \frac{1}{2} I_0 \right)$$

$$= -\frac{1}{4} \sin^3 x \cos x - \frac{3}{8} \sin x \cos x + \frac{3}{8} x.$$

定理 6.2.1 の式のように，n を含んだ式 I_n をもっと小さい n での式 I_{n-1}, I_{n-2} などで表す式を漸化式という．

次に，$I_n = \int \dfrac{dx}{(x^2+a^2)^n}$ $(a \neq 0)$ の漸化式を求めてみよう．$x = a \tan t$ とおけば，$dx = a \sec^2 t \, dt$ で，

$$I_n = \int \frac{a \sec^2 t}{a^{2n} \sec^{2n} t} dt = \frac{1}{a^{2n-1}} \int \cos^{2n-2} t \, dt. \tag{6.3}$$

定理 6.2.1 により，
$$I_n = \frac{1}{a^{2n-1}} \left(\frac{1}{2n-2} \cos^{2n-3} t \sin t + \frac{2n-3}{2n-2} \int \cos^{2n-4} t \, dt \right)$$
$$= \frac{1}{a^2} \left(\frac{1}{2n-2} \frac{a \tan t}{a^{2n-2} \sec^{2n-2} t} + \frac{2n-3}{2n-2} \cdot \frac{1}{a^{2n-3}} \int \cos^{2n-4} t \, dt \right).$$

したがって，(6.3) を参照して，次の結果を得る．$a \neq 0$ のとき，

定理 6.2.2
$$\int \frac{dx}{(x^2+a^2)^n} = \frac{1}{a^2}\left(\frac{1}{2n-2}\frac{x}{(x^2+a^2)^{n-1}} + \frac{2n-3}{2n-2}\int \frac{dx}{(x^2+a^2)^{n-1}}\right).$$

例 6.2.1
$$I_2 = \int \frac{dx}{(x^2+a^2)^2} = \frac{1}{a^2}\left(\frac{1}{2}\frac{x}{x^2+a^2} + \frac{1}{2}I_1\right)$$
$$= \frac{1}{2a^2}\frac{x}{x^2+a^2} + \frac{1}{2a^3}\tan^{-1}\frac{x}{a},$$
$$I_3 = \int \frac{dx}{(x^2+a^2)^3} = \frac{1}{4a^2}\frac{x}{(x^2+a^2)^2} + \frac{3}{4a^2}I_2$$
$$= \frac{1}{4a^2}\frac{x}{(x^2+a^2)^2} + \frac{3}{8a^4}\frac{x}{x^2+a^2} + \frac{3}{8a^5}\tan^{-1}\frac{x}{a}.$$

6.2.1 有理関数の積分

有理式 $\dfrac{G(x)}{F(x)}$ ($F(x), G(x)$ は整式) が次の形の式 (またはそれらの一部分) の和として表されることは，代数学でわかっている．
$$\text{整式 } P(x), Q(x) = \frac{A}{(x-a)^k}, R(x) = \frac{Bx+C}{((x-p)^2+q^2)^\ell}.$$
そこで，$\displaystyle\int \frac{G(x)}{F(x)}dx$ を求めるには，上の諸関数の積分を求めればよい．

まず，$\displaystyle\int P(x)\,dx, \int Q(x)\,dx$ は容易に求められる．

$$\int R(x)\,dx = \int \frac{Bx+C}{((x-p)^2+q^2)^\ell}dx \quad (x-p=t \text{ とおくと}, dx=dt)$$
$$= \int \frac{B(t+p)+C}{(t^2+q^2)^\ell}dt = B\int \frac{t}{(t^2+q^2)^\ell}dt + (Bp+C)\int \frac{dt}{(t^2+q^2)^\ell}.$$

この最後の式の第 1 項は容易に求められ，第 2 項は定理 6.2.2 によって求められる．こうして，次の結果が得られる．

定理 6.2.3 有理関数の不定積分は，有理関数，対数関数および $\tan^{-1}$ を使って表される．

例 6.2.2 $\displaystyle\int \frac{x+2}{x(x^2-1)}dx.$

$$\frac{x+2}{x(x^2-1)} = \frac{x+2}{x(x-1)(x+1)} = \frac{A}{x} + \frac{B}{x-1} + \frac{C}{x+1}$$

とおき，分母を払うと，

$$x+2 = A(x-1)(x+1) + Bx(x+1) + Cx(x-1).$$

$x=0,1,-1$ とおくことにより，それぞれ，$2=-A, 3=2B, 1=2C$. すなわち，$A=-2, B=\dfrac{3}{2}, C=\dfrac{1}{2}$. ゆえに，

$$\int \frac{x+2}{x(x^2-1)}dx = \int \frac{-2}{x}dx + \int \frac{3}{2(x-1)}dx + \int \frac{1}{2(x+1)}dx$$
$$= -2\log|x| + \frac{3}{2}\log|x-1| + \frac{1}{2}\log|x+1|.$$

例 6.2.3 $\displaystyle\int \frac{dx}{x^3+1}.$

$$\frac{1}{x^3+1} = \frac{1}{(x+1)(x^2-x+1)} = \frac{A}{x+1} + \frac{Bx+C}{x^2-x+1}$$

とおいて分母を払えば，

$$1 = A(x^2-x+1) + (Bx+C)(x+1).$$

$x=-1,0,1$ とおけば，$1=3A, 1=A+C, 1=A+2B+2C$. これから，$A=\dfrac{1}{3}, B=-\dfrac{1}{3}, C=\dfrac{2}{3}$.

$$\int \frac{A}{x+1}dx = \int \frac{dx}{3(x+1)} = \frac{1}{3}\log|x+1|.$$

$$\int \frac{Bx+C}{x^2-x+1}dx = \frac{1}{3}\int \frac{-x+2}{\left(x-\frac{1}{2}\right)^2+\frac{3}{4}}dx$$

$$= \frac{1}{3}\int \frac{-t+\frac{3}{2}}{t^2+\frac{3}{4}}dt \quad \left(x-\frac{1}{2}=t\right)$$

$$= -\frac{1}{3}\int \frac{t}{t^2+\frac{3}{4}}dt + \frac{1}{2}\int \frac{dt}{t^2+\frac{3}{4}}$$

$$= \frac{-1}{6}\log\left(t^2+\frac{3}{4}\right) + \frac{1}{\sqrt{3}}\tan^{-1}\frac{2t}{\sqrt{3}}$$

$$= -\frac{1}{6}\log(x^2-x+1) + \frac{1}{\sqrt{3}}\tan^{-1}\frac{2x-1}{\sqrt{3}}.$$

ゆえに,
$$\int \frac{dx}{x^3+1} = \frac{1}{3}\log|x+1| - \frac{1}{6}\log(x^2-x+1) + \frac{1}{\sqrt{3}}\tan^{-1}\frac{2x-1}{\sqrt{3}}.$$

問 6.1 不定積分 $\displaystyle\int \frac{1}{x^2(x^2+1)}dx$ を計算せよ.

例 6.2.4 $\displaystyle\int \frac{dx}{x^2(x^2+1)^2}.$

$$\frac{1}{x^2(x^2+1)^2} = \frac{(x^2+1)^2 - x^2(x^2+2)}{x^2(x^2+1)^2} = \frac{1}{x^2} - \frac{x^2+2}{(x^2+1)^2}$$

$$= \frac{1}{x^2} - \frac{1}{x^2+1} - \frac{1}{(x^2+1)^2}.$$

ゆえに,定理 6.2.2 を参照して
$$\int \frac{dx}{x^2(x^2+1)^2} = \int \frac{dx}{x^2} - \int \frac{dx}{x^2+1} - \int \frac{dx}{(x^2+1)^2}$$

$$= -\frac{1}{x} - \tan^{-1}x - \left(\frac{x}{2(x^2+1)} + \frac{1}{2}\tan^{-1}x\right)$$

$$= -\left(\frac{1}{x} + \frac{x}{2(x^2+1)} + \frac{3}{2}\tan^{-1}x\right).$$

6.3 いろいろな積分

(1) e^x の有理関数 $F(e^x)$

このときは，$e^x = t$ とおけば，積分は有理関数の積分に帰する．

例 6.3.1
$$\int \frac{dx}{e^x + 1} = \int \frac{e^x dx}{e^x(e^x + 1)} \quad (e^x = t \text{ とおけば}, e^x dx = dt)$$
$$= \int \frac{dt}{t(t+1)} = \int \left(\frac{1}{t} - \frac{1}{t+1}\right) dt$$
$$= \log|t| - \log|t+1|$$
$$= -\log\left|\frac{t+1}{t}\right| = -\log(1 + e^{-x}).$$

注意 これは，次のようにやってもよい．
$$\int \frac{dx}{e^x + 1} = \int \frac{e^{-x} dx}{1 + e^{-x}} \quad (e^{-x} = t \text{ とおくと}, -e^{-x} dx = dt)$$
$$= \int \frac{-dt}{1+t} = -\log|1+t| = -\log(1+e^{-x}).$$

(2) $\sin x, \cos x$ の有理関数 $F(\sin x, \cos x)$．

このときは，$\tan \dfrac{x}{2} = t$ とおけばよい．そうすると，
$$\sin x = \frac{2t}{1+t^2}, \cos x = \frac{1-t^2}{1+t^2}, dx = \frac{2\,dt}{1+t^2}.$$

例 6.3.2
$$\int \frac{dx}{2 + \cos x} = \int \frac{\dfrac{2}{1+t^2} dt}{2 + \dfrac{1-t^2}{1+t^2}} \quad \left(\tan \frac{x}{2} = t \text{ とおく}\right)$$
$$= \int \frac{2\,dt}{3+t^2} = \frac{2}{\sqrt{3}} \tan^{-1} \frac{t}{\sqrt{3}}$$
$$= \frac{2}{\sqrt{3}} \tan^{-1} \left(\frac{1}{\sqrt{3}} \tan \frac{x}{2}\right).$$

特に，$\sin^2 x, \cos^2 x$ の有理関数のときは $\tan x = t$ とおけばよい．

このとき，$\sec^2 x\, dx = dt,\, dx = \dfrac{dt}{1+t^2}$.

例 6.3.3
$$\int \frac{dx}{a^2\cos^2 x + b^2\sin^2 x} = \int \frac{\sec^2 x}{a^2 + b^2\tan^2 x} dx = \int \frac{dt}{a^2 + b^2 t^2}$$
$$= \frac{1}{b^2}\int \frac{dt}{\left(\dfrac{a}{b}\right)^2 + t^2} = \frac{1}{b^2}\cdot\frac{b}{a}\tan^{-1}\left(\frac{b}{a}t\right)$$
$$= \frac{1}{ab}\tan^{-1}\left(\frac{b}{a}\tan x\right).$$

$\sin x = t$ または $\cos x = t$ とおくと都合がよい場合もある．
$$\sin x = t \text{ とおくと，} \quad \cos x\, dx = dt,$$
$$\cos x = t \text{ とおくと，} \quad -\sin x\, dx = dt.$$

例 6.3.4
$$\int \frac{\sin^3 x}{1+\cos^2 x} dx = \int \frac{1-\cos^2 x}{1+\cos^2 x}\sin x\, dx \quad (\cos x = t \text{ とおく})$$
$$= \int \frac{1-t^2}{1+t^2}(-dt) = \int \left(1 - \frac{2}{1+t^2}\right) dt$$
$$= t - 2\tan^{-1} t = \cos x - 2\tan^{-1}(\cos x).$$

問 6.2 次の関数を積分せよ．
(1) $\dfrac{1}{\sin x - \cos x}$. (2) $\dfrac{1}{3+2\cos x}$.

(3) x および $\sqrt[n]{ax+b}$ $(a \neq 0)$ の有理関数 $F(x, \sqrt[n]{ax+b})$．
このときは，$\sqrt[n]{ax+b} = t$ とおけば $x = \dfrac{1}{a}(t^n - b),\, dx = \dfrac{n}{a}t^{n-1}dt$.

例 6.3.5 $\displaystyle \int x\sqrt[3]{1-x}\, dx.$

$\sqrt[3]{1-x}=t$ とおけば, $x=1-t^3, dx=-3t^2 dt$ となるから
$$\int x\sqrt[3]{1-x}\,dx = \int (1-t^3)t(-3t^2)dt = 3\int(t^6-t^3)dt = 3\left(\frac{t^7}{7}-\frac{t^4}{4}\right)$$
$$= \frac{3}{28}(4t^3-7)t^4 = -\frac{3}{28}(4x+3)(1-x)^{\frac{4}{3}}.$$

(4) x および $\sqrt{a^2-x^2}$ の有理関数で, $x=a\sin t$,

x および $\sqrt{x^2+a^2}$ の有理関数で, $x=a\tan t$,

x および $\sqrt{x^2-a^2}$ の有理関数で, $x=a\sec t$

とおけば, いずれも $\sin t, \cos t$ の有理関数の積分に帰着する.

例 6.3.6 $\displaystyle\int \frac{x^2}{\sqrt{a^2-x^2}}dx \quad (a>0).$

$x=a\sin t\ \left(-\dfrac{\pi}{2}\leqq t\leqq \dfrac{\pi}{2}\right)$ とおけば, $\sqrt{a^2-x^2}=a\cos t, dx=a\cos t\,dt$.
ゆえに,
$$\int \frac{x^2}{\sqrt{a^2-x^2}}dx = \int \frac{a^2\sin^2 t}{a\cos t}a\cos t\,dt$$
$$= a^2\int \sin^2 t\,dt = a^2\int \frac{1-\cos 2t}{2}dt$$
$$= \frac{a^2}{2}\left(t-\frac{1}{2}\sin 2t\right) = \frac{1}{2}(a^2 t - a\sin t\cdot a\cos t)$$
$$= \frac{1}{2}\left(a^2\sin^{-1}\frac{x}{a} - x\sqrt{a^2-x^2}\right).$$

2 次関数の平方根を含んだ関数の積分は次のように考えてやってもよい.

例 6.3.7 $\displaystyle\int \frac{dx}{\sqrt{x^2+A}}.$

$\sqrt{x^2+A}=t-x$ とおけば, $\dfrac{x\,dx}{\sqrt{x^2+A}}=dt-dx$, $\dfrac{x+\sqrt{x^2+A}}{\sqrt{x^2+A}}dx=dt$.
ゆえに, $\dfrac{dx}{\sqrt{x^2+A}}=\dfrac{dt}{t}$. したがって, $\displaystyle\int\frac{dx}{\sqrt{x^2+A}}=\int\frac{dt}{t}=\log|t|$.
すなわち $\displaystyle\int \frac{dx}{\sqrt{x^2+A}}=\log|x+\sqrt{x^2+A}\,|$.

注意 この例における置換 $\sqrt{x^2+A} = t - x$ は，まったく思いつきのようであるが，$y = \sqrt{x^2+A}$ とおけば，
$$y^2 - x^2 = A, \quad y + x = t$$
となり，$A \neq 0$ ならば，双曲線とその漸近線に平行な直線との交点の座標を使うことである．この座標が t の有理式で表され，積分される関数も有理関数になるわけで，ここに上の置換の成功した理由がある．

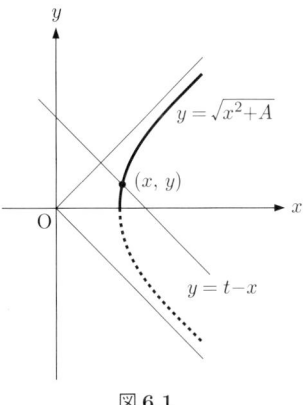

図 6.1

> **例 6.3.8** $\displaystyle\int \sqrt{Ax^2 + B}\, dx$ の変形．

これを I とおき，部分積分を行うと，$(\sqrt{Ax^2+B})' = \dfrac{Ax}{\sqrt{Ax^2+B}}$ であるから，
$$I = x\sqrt{Ax^2+B} - \int x \frac{Ax}{\sqrt{Ax^2+B}} dx.$$
ところが，$x\dfrac{Ax}{\sqrt{Ax^2+B}} = \dfrac{Ax^2+B-B}{\sqrt{Ax^2+B}} = \sqrt{Ax^2+B} - \dfrac{B}{\sqrt{Ax^2+B}}$ だから，
$$I = x\sqrt{Ax^2+B} - \left(\int \sqrt{Ax^2+B}\, dx - B\int \frac{dx}{\sqrt{Ax^2+B}} \right)$$
$$= x\sqrt{Ax^2+B} + B\int \frac{dx}{\sqrt{Ax^2+B}} - I.$$
これから，$I = \displaystyle\int \sqrt{Ax^2+B}\, dx = \dfrac{1}{2}\left(x\sqrt{Ax^2+B} + B\int \dfrac{dx}{\sqrt{Ax^2+B}} \right)$.
この式で，たとえば，$A=-1, B=a^2 \ (a>0)$ とおけば，$\displaystyle\int \dfrac{dx}{\sqrt{a^2-x^2}} = \sin^{-1}\dfrac{x}{a}$ であることから，
$$\int \sqrt{a^2-x^2}\, dx = \frac{1}{2}\left(x\sqrt{a^2-x^2} + a^2 \sin^{-1}\frac{x}{a} \right) \quad (a>0).$$
また，例 6.3.7 の結果を使えば，$\displaystyle\int \sqrt{x^2+A}\, dx$ が得られる．

これらをまとめて，次の結果が得られる．

定理 6.3.1
$$\int \frac{dx}{\sqrt{a^2-x^2}} dx = \sin^{-1}\frac{x}{a} \quad (a>0),$$
$$\int \sqrt{a^2-x^2}\, dx = \frac{1}{2}\left(x\sqrt{a^2-x^2}+a^2 \sin^{-1}\frac{x}{a}\right) \quad (a>0),$$
$$\int \frac{dx}{\sqrt{x^2+A}} = \log|x+\sqrt{x^2+A}|,$$
$$\int \sqrt{x^2+A}\, dx = \frac{1}{2}(x\sqrt{x^2+A}+A\log|x+\sqrt{x^2+A}|).$$

これらを使って，積分することもできる．

例 6.3.9
$$\int \frac{1-x}{\sqrt{4-x^2}}\, dx = \int \frac{dx}{\sqrt{4-x^2}} - \int \frac{x}{\sqrt{4-x^2}}\, dx = \sin^{-1}\frac{x}{2} + \sqrt{4-x^2}.$$

x と $\sqrt{Ax^2+Bx+C}$ $(A\neq 0)$ との有理関数の積分にあたっては，
$$Ax^2+Bx+C = A\left(x+\frac{B}{2A}\right)^2 + C - \frac{B^2}{4A}$$
と変形し，$x+\dfrac{B}{2A}=t$ とおけば，p.110 の (4) の場合に帰着する．

6.4　1 階の微分方程式

関数の性質は，微分係数の性質でとらえられることが多い．たとえば，指数関数 $y=a^x$ では，
$$\frac{dy}{dx} = a^x \log a = y\log a$$
となって，y の瞬間変化率は y に比例している．そこで，逆にこの性質をもつ関数は，これに限るだろうか．いま，
$$\frac{dy}{dx} = ky \quad (k \text{ は 0 でない定数}) \tag{6.4}$$
という微分方程式を考えると，$y\neq 0$ のときは，
$$\frac{1}{y}\frac{dy}{dx} = k, \quad \text{ゆえに} \quad \frac{d}{dx}\log|y| = k.$$

$\log|y| = kx + C, \quad y = \pm e^{kx+C} = \pm e^C e^{kx} \quad$ (C は任意定数).
$$A = \pm e^C \quad \text{とおいて,} \quad y = Ae^{kx}. \tag{6.5}$$

また, y がつねに 0 となる関数のときも (6.4) が成り立つ. したがって, A を任意の定数として (6.5) が (6.4) の解になる. ここで, $e^k = a$ とおくと, (6.5) は $y = Aa^x$ となる.

この結果について, 考察してみよう. $k > 0$ を一定として, A のいろいろの値に対してそのグラフを描くと, 右の図のようになっている. そしてこれらの曲線は, 全平面を 1 重に埋めつくしている. すなわち, 各点を通って (6.4) の解の曲線は, 1 つ, しかもただ 1 つ存在するといえる. これは, 一般の 1 階の微分方程式 $\dfrac{dy}{dx} = f(x, y)$ についていえることである. しかし, 直接, 積分によって解ける場合は限られていて, その中で最も大切なのは, 分離型の方程式

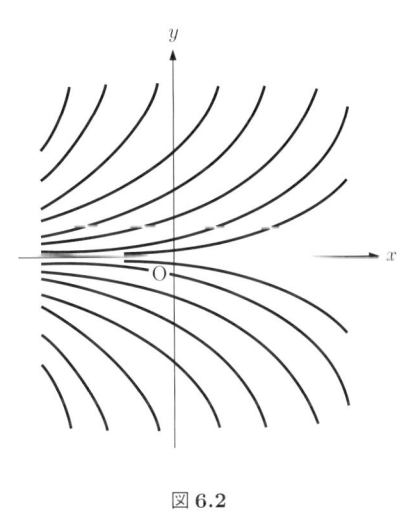

$$\frac{dy}{dx} = P(x)Q(y)$$

である. その解は, $\displaystyle\int \frac{dy}{Q(y)} = \int P(x)\,dx$ として得られる.

図 6.2

例題 6.4.1 $\dfrac{dy}{dx} = r(y+1)^2$.

解 $y \neq -1$ ならば, $\displaystyle\int \frac{dy}{(y+1)^2} = \int x\,dx$ から, $-\dfrac{1}{y+1} = \dfrac{1}{2}x^2 + C$. $2C = A$ とおけば, $y = -\left(\dfrac{2}{x^2 + A} + 1\right)$ (A は任意定数).

また, $y = -1$ も解であるが, これは $A \to \infty$ の場合と考える.

問 6.3　次の微分方程式を解け．
(1) $y' = \dfrac{1-y}{1+x}$.　　(2) $y' + \dfrac{x}{y} = 0$.

注意　今後，解法にあたっては，この例題の $y = -1$ の場合のようなことは，いちいち考慮に入れないことが多いが，それで差し支えの起こることは少ないのである．

　変数分離形ではないが，適当な置き換えによって分離形に導かれるものがある．これを問としてあげておこう．

問 6.4　$\dfrac{y}{x} = z$ とおくことにより，次の微分方程式を解け（同次形）．
(1) $\dfrac{dy}{dx} = \dfrac{1+\frac{y}{x}}{1-\frac{y}{x}}$.　　(2) $(2ye^{\frac{y}{x}} - x)\dfrac{dy}{dx} + y + 2x = 0$.

問 6.5　$\dfrac{dy}{dx} = P(x)y + Q(x)$ の形の微分方程式を解くには，まず $\dfrac{dz}{dx} = P(x)z$ の 1 つの解 z を求め，はじめの方程式へ $y = zu$ を代入して u を求めればよい．この方法で次の微分方程式を解け（1 次形）．
(1) $y' - y = \sin x$.　　(2) $(1+x^2)y' - xy = 1$.

6.5　2 階の線形微分方程式

2 階の微分方程式は，一般には，
$$\frac{d^2 y}{dx^2} = f\left(x, y, \frac{dy}{dx}\right)$$
の形に書ける．その中で簡単なものとして，
$$\frac{d^2 y}{dx^2} + a(x)\frac{dy}{dx} + b(x)y = 0$$
の形のものを考えよう．これを **2 階の線形同次微分方程式** という．これについて，次の 2 つの基本定理が成り立つ．

> **定理 6.5.1**　$y_1 = \varphi_1(x), y_2 = \varphi(x)$ が 2 階の線形同次微分方程式
> $$y'' + a(x)y' + b(x)y = 0$$
> の解であるとき，$c_1 y_1 + c_2 y_2$（c_1, c_2 は任意定数）も解である．

証明 y_1, y_2 は解だから,

$$y_1'' + ay_1' + by_1 = 0, \tag{6.6}$$

$$y_2'' + ay_2' + by_2 = 0. \tag{6.7}$$

(6.6) $\times c_1$ + (6.7) $\times c_2$ を作れば, c_1, c_2 が定数であることから,

$$(c_1 y_1 + c_2 y_2)'' + a(c_1 y_2 + c_2 y_2)' + b(c_1 y_1 + c_2 y_2) = 0.$$

すなわち, $c_1 y_1 + c_2 y_2$ も解である.

注意 $D = \dfrac{d^2}{dx^2} + a(x)\dfrac{d}{dx} + b(x)$ とおくと, 上の証明にみるように,
$$D(y_1 + y_2) = Dy_1 + Dy_2, \quad D(cy) = cDy \quad (c は定数)$$
となっている. この D は線形作用素である.

定理 6.5.2 $y_1 = \varphi_1(x), y_2 = \varphi_2(x)$ が 2 階の線形同次微分方程式

$$y'' + a(x)y' + b(x)y = 0 \tag{6.8}$$

の解で, かつ y_1/y_2 が定数でないときは, 任意の解は,

$$y = c_1 y_1 + c_2 y_2 \quad (c_1, c_2 は定数) \tag{6.9}$$

と書ける.

証明 $\left(\dfrac{y_1}{y_2}\right)' = \dfrac{y_1' y_2 - y_1 y_2'}{y_2^2} = 0$ がつねに成り立つならば, y_1/y_2 は定数であるが, いま y_1/y_2 が定数でないから, 一般には,

$$y_1' y_2 - y_1 y_2' \neq 0 \tag{6.10}$$

である. そこで, $y'' + ay' + by = 0$ の任意の解を $y = \varphi(x)$ とし,

$$y = \varphi(x) = c_1(x) y_1 + c_2(x) y_2, \tag{6.11}$$

$$y' = \varphi'(x) = c_1(x) y_1' + c_2(x) y_2' \tag{6.12}$$

となる関数 $c_1 = c_1(x), c_2 = c_2(x)$ を求める. 条件 (6.10) によってこのような c_1, c_2 は必ずある. これが定数であることを示せばよい. いま,

$$y'' + ay' + by = 0, \tag{6.13}$$

$$y_1'' + ay_1' + by_1 = 0, \tag{6.14}$$

$$y_2'' + ay_2' + by_2 = 0 \tag{6.15}$$

であるが, (6.13) から, (6.14) $\times c_1$ + (6.15) $\times c_2$ を引けば, (6.10), (6.11) によって,
$$y'' - c_1 y_1'' - c_2 y_2'' = 0.$$
すなわち,
$$y'' = c_1 y_1'' + c_2 y_2''. \tag{6.16}$$
いま, (6.11) の両辺を微分して (6.12) を引けば,
$$c_1' y_1 + c_2' y_2 = 0. \tag{6.17}$$
(6.12) の両辺を微分して (6.16) を引けば,
$$c_1' y_1' + c_2' y_2' = 0. \tag{6.18}$$
(6.17), (6.18) を c_1', c_2' について解けば, (6.10) により, $c_1' = 0, c_2' = 0$ ゆえに c_1, c_2 は定数.

このようにして, 2 階の線形同次微分方程式を解くには, $y_1/y_2 \neq$ 定数 となる解 y_1, y_2 がわかればよいことになる. これを**独立解**という. 一般にはこの独立解を求めることが困難であるが, a, b が定数となっている場合には容易に求められる. これを次に述べよう.
$$y'' + ay' + by = 0 \quad (a, b \text{ は定数})$$
において, $y = e^{\lambda x}$ (λ は複素数) とおけば p.39 の定理 3.3.1 により,
$$e^{\lambda x}(\lambda^2 + a\lambda + b) = 0 \quad \text{ゆえに} \quad \lambda^2 + a\lambda + b = 0 \tag{6.19}$$
$$\lambda = \frac{-a \pm \sqrt{a^2 - 4b}}{2} \tag{6.20}$$
そこで, 次の 3 つの場合に分けて考えることにする.

(I) (6.20) の 2 つの λ が異なる実数のとき.

この 2 つの実数を λ_1, λ_2 とおくと, $e^{\lambda_1 x}, e^{\lambda_2 x}$ が (6.8) の独立解で, 一般の解は,
$$y = c_1 e^{\lambda_1 x} + c_2 e^{\lambda_2 x}.$$

(II) (6.20) の λ が虚数のとき.

この λ の 1 つを, $\lambda_1 = p + qi$ (p, q は実数) とおくと, もう 1 つは,

$\lambda_2 = p - qi$ である. そして,
$$e^{\lambda_1 x} = e^{(p+qi)x} = e^{px}(\cos qx + i \sin qx),$$
$$e^{\lambda_2 x} = e^{(p-qi)x} = e^{px}(\cos qx - i \sin qx).$$
これらが (6.8) の解だから,
$$\frac{1}{2}(e^{\lambda_1 x} + e^{\lambda_2 x}) = e^{px}\cos qx, \quad \frac{1}{2i}(e^{\lambda_1 x} - e^{\lambda_2 x}) = e^{px}\sin qx$$
も解で, しかも独立である. したがって, (6.8) の解は
$$y = e^{px}(c_1 \cos qx + c_2 \sin qx).$$

(III) (6.20) の λ が重解のとき.

このときは, $\lambda = -\dfrac{a}{2}, a^2 = 4b$. そして, $y_1 = e^{\lambda x}$ の他に, $y_2 = xe^{\lambda x}$ も解である. このことは, 次のようにして確かめられる.
$$y_2' = e^{\lambda x}(\lambda x + 1), \quad y_2'' = e^{\lambda x}(\lambda^2 x + 2\lambda).$$
だから,
$$y_2'' + ay_2' + by_2 = e^{\lambda x}((\lambda^2 + a\lambda + b)x + (2\lambda + a)) = 0.$$
ゆえに, $y_1 = e^{\lambda x}, y_2 = xe^{\lambda x}$ が独立解で, 一般解は,
$$y = e^{\lambda x}(c_1 + c_2 x).$$

以上をまとめて,

定理 6.5.3 $y'' + ay' + by = 0$ (a, b は定数) を解くには, まず, λ の 2 次方程式 $\lambda^2 + a\lambda + b = 0$ を解き, これが,

2 実数解 λ_1, λ_2 をもてば, 解は $y = c_1 e^{\lambda_1 x} + c_2 e^{\lambda_2 x}$,

重解 λ_1 をもてば, $y = e^{\lambda_1 x}(c_1 + c_2 x)$,

虚数解 $\lambda = p \pm qi$ をもてば, $y = e^{px}(c_1 \cos qx + c_2 \sin qx)$.

例 6.5.1 $y'' + y' - 2y = 0$.

$\lambda^2 + \lambda - 2 = 0$ より, $\lambda = 1, -2$. ゆえに, 一般解は, $\lambda = c_1 e^x + c_2 e^{-2x}$.

例 6.5.2 $y'' + y' + y = 0$.

$\lambda^2 + \lambda + 1 = 0$ より,$\lambda = \dfrac{-1 \pm \sqrt{3}i}{2} = -\dfrac{1}{2} \pm \dfrac{\sqrt{3}}{2}i$. ゆえに,一般解は,
$y = e^{-\frac{1}{2}x}\left(c_1 \cos \dfrac{\sqrt{3}}{2}x + c_2 \sin \dfrac{\sqrt{3}}{2}x\right)$.

例 6.5.3 $\quad y'' + 4y' + 4y = 0$.

$\lambda^2 + 4\lambda + 4 = 0$ より,$\lambda = -2$ (2重解). ゆえに,一般解は,$y = e^{-2x}(c_1 + c_2 x)$.

問 6.6 次の微分方程式を解け.
(1) $y'' - 2y' - 3y = 0$. \quad (2) $y'' - 2y' + y = 0$. \quad (3) $y'' - 2y' + 2y = 0$.

6.6 　定積分の定義

関数 $f(x)$ が区間 $[a,b]$ で連続,かつ $f(x) \geqq 0$ のとき,曲線 $y = f(x)$ および 3 つの直線 $x = a, x = b, y = 0$ で囲まれる部分の面積にあたる数を一般化して考えることによって,定積分の概念が得られる. それは,次のようである.

まず,$f(x)$ が区間 $[a,b]$ で定義された有界な関数とする. すなわち,
$$m \leqq f(x) \leqq M \quad (M, m \text{ は定数}).$$
そこで,$[a,b]$ を n 分し,その分点を順に,
$$x_1, x_2, \cdots, x_{n-1} \quad (a = x_0, b = x_n)$$
とする. ここでは,必ずしも等分ではない. そして,
$$h_i = x_i - x_{i-1} \quad (i = 1, 2, \cdots, n).$$
とおくと h_i は区間 $[x_{i-1}, x_i]$ の幅である.

区間 $[x_{i-1}, x_i]$ での $f(x)$ の上限を M_i,下限を m_i とする. そして,分点を $x_1, x_2, \cdots, x_{n-1}$ にとった分割法を Δ とし,
$$S_\Delta = \sum_{i=1}^{n} M_i h_i = M_1 h_1 + M_2 h_2 + \cdots + M_n h_n,$$
$$s_\Delta = \sum_{i=1}^{n} m_i h_i = m_1 h_1 + m_2 h_2 + \cdots + m_n h_n$$
とおく. いま,小区間の幅 $h_1, h_2, \cdots, h_n$ の中で最も大きいものを h とし,

$h \to 0$ として考える.すなわち,分割 Δ を限りなく細かくしていく.このとき,次の **ダルブー (Darboux) の定理**が成り立つ.

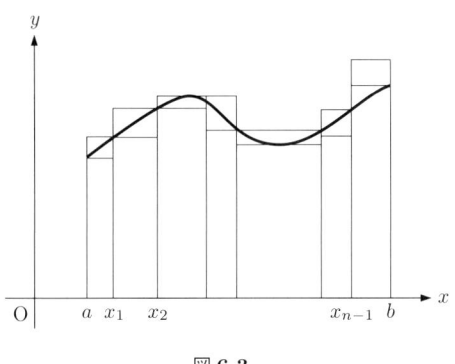

図 6.3

定理 6.6.1 $[a,b]$ で有界な関数 $f(x)$ においては,極限
$$\lim_{h \to 0} S_\Delta = S, \quad \lim_{h \to 0} s_\Delta = s$$
が存在する.

証明は少し難しい.それは次のようである.

証明 ここでは S について述べる.s についても同様である.

まず,任意の正数 ε をとる.いろいろな分割法 Δ を考えるとき,S_Δ のとる値を考えると,
$$S_\Delta = \sum_{i=1}^n M_i h_i \geqq \sum_{i=1}^n m h_i = m \sum_{i=1}^n h_i = m(b-a).$$
だから S_Δ は下に有界である.したがって,下限がある.これを S として $\lim_{h \to 0} S_\Delta = S$ を示そう.

まず下限の定義によって
$$S \leqq S_D < S - \varepsilon \tag{6.21}$$
となる分割法 D がある.この分割法における分点の数を p とする.いま,Δ を任意の分割法とし,Δ と D の分点をあわせたものを分点にもつ分割法を Δ' とすれば S_Δ の定義からわかるように
$$S_\Delta \geqq S_{\Delta'}, \quad S_D \geqq S_{\Delta'}. \tag{6.22}$$

いま，分割 Δ は十分細かくて，その細分区間は，D の分割を 1 つより多くは含んでいないとする．分割 Δ での細分区間 $[x_{i-1}, x_i]$ に D の分点 ξ があるとき，S_Δ での項 $M_i h_i$ は $S_{\Delta'}$ では $M_{i_1} h_{i_1} + M_{i_2} h_{i_2}$ で置き換えられ，その差は $M_i h_i - M_{i_1} h_{i_1} - M_{i_2} h_{i_2}$

$$= (M_i - M_{i_1}) h_{i_1} + (M_i - M_{i_2}) h_{i_2}$$

となる．Δ の細分区間に D の点がないときは，この部分での S_Δ と $S_{\Delta'}$ の差はない．こうして，$S_\Delta - S_{\Delta'} \leqq p(M-m)h$．$p$ も $M - m$ も定数だから，h を十分小さくすれば，

$$S_\Delta - S_{\Delta'} < \varepsilon. \tag{6.23}$$

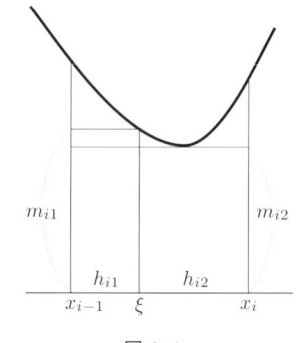

図 6.4

(6.21)，(6.22)，(6.23) によって，$S - S_D, S_\Delta - S_{\Delta'}$ は 0 と ε の間の数，$S_{\Delta'} - S_D \leqq 0$ となるから，

$$S_\Delta - S = (S_\Delta - S_{\Delta'}) + (S_{\Delta'} - S_D) + (S_D - S) \leqq (S_\Delta - S_{\Delta'}) + (S_D - S) \leqq \varepsilon.$$

すなわち，任意の ε に対して h を十分小にすると，$0 \leqq S_\Delta - S < \varepsilon$．したがって，$\lim_{h \to 0} S_\Delta = S$．

一般に，定理 6.6.1 の S, s では，

$$S = s$$

となっているとは限らない．$S = s$ のとき $f(x)$ は区間 $[a, b]$ で **積分可能**であるという．この条件は，

$$\lim_{h \to 0} \sum_{i=1}^{n} (M_i - m_i) h_i = 0 \tag{6.24}$$

と書くこともできる．積分可能な場合に，この $S = s$ を $\displaystyle\int_a^b f(x)\,dx$ と書いて，$f(x)$ を a から b まで積分した値という．

いま，$f(x)$ が $[a,b]$ で積分可能とし，小区間 $[x_{i-1}, x_i]$ に任意の値 ξ_i $(i=1, 2, \cdots, n)$ をとる．そうすると，
$$M_i \geqq f(\xi_i) \geqq m_i.$$
だから，
$$S_\Delta = \sum_{i=1}^n M_i h_i \geqq \sum_{i=1}^n f(\xi_i) h_i$$
$$\geqq \sum_{i=1}^n m_i h_i = s_\Delta.$$

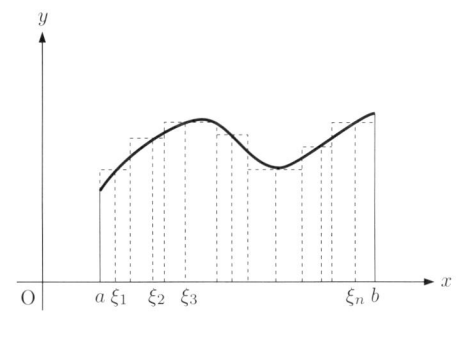

図 6.5

ところが，$\displaystyle\lim_{h \to 0} S_\Delta = \lim_{h \to 0} s_\Delta = \int_a^b f(x)\,dx$．したがって，次のことがいえる．

定理 6.6.2 $f(x)$ が積分可能のとき，$\displaystyle\lim_{h \to 0} \sum_{i=1}^n f(\xi_i) h_i = \int_a^b f(x)\,dx$．

次に，どのような関数が積分可能であるかを考えよう．まず

定理 6.6.3 増加関数（減少関数）は積分可能である．

証明 極限 $S = \displaystyle\lim_{h \to 0} S_\Delta, s = \lim_{h \to 0} s_\Delta$ は，分割 Δ のとり方に関係しないから，p.120 の条件 (6.24) は特殊な分割法で成り立つことがわかれば一般に成り立つのである．特に n 等分にして考えれば，$h_1, h_2, \cdots, h_n$ はすべて $\dfrac{b-a}{n}$ $(= h$ とおく$)$ である．そして，$M_i = f(x_i), m_i = f(x_{i-1})$ だから
$$S - s = \lim_{n \to \infty} \sum_{i=1}^n (f(x_i) - f(x_{i-1}))h = \lim_{n \to \infty} (f(b) - f(a))\frac{b-a}{n} = 0.$$

定理 6.6.4 $[a,b]$ で連続な関数 $f(x)$ は積分可能である．

証明 区間 $[a,b]$ を p.118 のように n 分し，区間 $[x_{i-1}, x_i]$ での $f(x)$ の上限 M_i，下限 m_i を考えると，$f(x)$ が連続であることから，
$$M_i = f(p_i), \quad m_i = f(q_i)$$

となる p_i, q_i がこの区間内にある.

また,閉区間における連続関数の一様連続性 (p.17) によれば,

$$\text{任意の } \varepsilon > 0 \text{ に対して, 正数 } \delta \text{ が存在して,}$$

$$|p - q| < \delta \text{ である任意の } p, q \text{ に対して, } |f(p) - f(q)| < \varepsilon$$

となっているから,いま,細分区間 $[x_{i-1}, x_i]$ の幅 h_i の最大値 h を十分小にとれば,与えられた $\varepsilon > 0$ に対し,

$$M_i - m_i = f(p_i) - f(q_i) < \varepsilon.$$

したがって,$\sum_{i=1}^{n}(M_i - m_i)h_i < \sum_{i=1}^{n} \varepsilon h_i = \varepsilon (b - a)$

となって,$S - s = \lim_{h \to 0} \sum_{i=1}^{n}(M_i - m_i)h_i = 0$.

積分可能な関数では,定積分の値は途中の分割法に無関係であり,また定理 6.6.2 が成り立つから,この値を求めるのには,特殊な分割法や,特殊な ξ_i を使ってやればよい.たとえば,

$$\lim_{n \to \infty} \frac{1}{n}\left(f\left(\frac{1}{n}\right) + f\left(\frac{2}{n}\right) + \cdots f\left(\frac{n}{n}\right)\right) = \int_0^1 f(x)\,dx.$$

これまでは,$a < b$ の場合に $\int_a^b f(x)\,dx$ を考えてきたが,$a > b$ の場合にも,ほとんど同様に考えられる.そしてまた,

$$\int_a^b f(x)\,dx = -\int_b^a f(x)\,dx$$

であることも容易に確かめられる.さらに,

$$\int_a^a f(x)\,dx = 0$$

と定義しておくと,いろいろの点で便利である.

6.7 定積分の性質

定積分の定義から次の諸性質が容易に導かれる.

定理 6.7.1 $\displaystyle\int_a^b (f(x) + g(x))\,dx = \int_a^b f(x)\,dx + \int_a^b g(x)\,dx,$

$\displaystyle\int_a^b cf(x)\,dx = c\int_a^b f(x)\,dx \quad (c \text{ は定数}).$

さらに，$a<c<b$ のとき，
$$\int_a^b f(x)\,dx = \int_a^c f(x)\,dx + \int_c^b f(x)\,dx \tag{6.25}$$
が成り立つ．これは次のようにして証明される．$[a,c]$ を m 分して小区間の幅を順に $h_1,\cdots,h_m$，その最大値を h，各小区間内にそれぞれ $\xi_1,\cdots,\xi_m$ をとると，
$$\int_a^c f(x)\,dx = \lim_{h\to 0}\sum_{i=1}^m f(\xi_i)h_i. \tag{6.26}$$
また，$[c,b]$ を n 分して小区間の幅を順に $k_1,\cdots,k_n$ とし，その最大値を k，各小区間にそれぞれ $\eta_1,\cdots,\eta_n$ をとると，

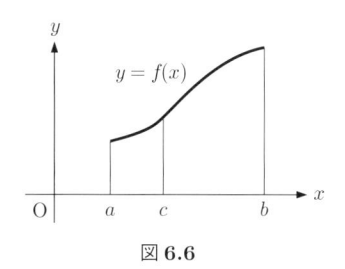

図 6.6

$$\int_c^b f(x)\,dx = \lim_{h\to 0}\sum_{j=1}^n f(\eta_j)k_j. \tag{6.27}$$
上の $[a,c]$ の分割と $[c,b]$ の分割を合わせて考え，h,k の大きい方を ℓ とすると，
$$\int_a^b f(x)\,dx = \lim_{\ell\to 0}\left(\sum_{i=1}^m f(\xi_i)h_i + \sum_{j=1}^n f(\eta_j)k_j\right). \tag{6.28}$$
(6.26), (6.27), (6.28) によって (6.25) の成り立つことがわかる．

次に，(6.25) は a,b,c の大小の順がどうなっていても成り立つ．たとえば，$a<b<c$ のとき，(6.25) によって
$$\int_a^c f(x)\,dx = \int_a^b f(x)\,dx + \int_b^c f(x)\,dx.$$
ところが，$c>b$ だから定義により，$\int_b^c f(x)\,dx = -\int_c^b f(x)\,dx$ となって，結局 (6.25) の式は成り立つ．

a,b,c のすべての大小の順（等しい場合を含めて）を考えると，つねに (6.25) が成り立つ．すなわち，

定理 6.7.2 $\displaystyle\int_a^b f(x)\,dx = \int_a^c f(x)\,dx + \int_c^b f(x)\,dx.$

定理 6.7.3 (1) $[a,b]$ で $h(x) \geq 0$ のとき, $\int_a^b h(x)\,dx \geq 0$.

(2) $[a,b]$ で $f(x) \geq g(x)$ のとき, $\int_a^b f(x)\,dx \geq \int_a^b g(x)\,dx$.

(3) $[a,b]$ で, $\int_a^b |f(x)|\,dx \geq \left|\int_a^b f(x)\,dx\right|$.

証明 (1) 定理 6.6.2 から明らかである．
(2) $f(x) - g(x) = h(x)$ とおけば, $h(x) \geq 0$ だから,
$$\int_a^b (f(x) - g(x))\,dx \geq 0 \quad \text{ゆえに,} \quad \int_a^b f(x)\,dx - \int_a^b g(x)\,dx \geq 0.$$
(3) 定理 6.6.2 を使えば, 明らかである．

定理 6.7.4 $[a,b]$ で $M \geq f(x) \geq m$ ならば,
$$M(b-a) \geq \int_a^b f(x)\,dx \geq m(b-a).$$

証明 定理 6.7.3 (2) を適用すれば, $\int_a^b M\,dx \geq \int_a^b f(x)\,dx \geq \int_a^b m\,dx$. 定義からすぐわかるように, $\int_a^b M\,dx = M(b-a)$, $\int_a^b m\,dx = m(b-a)$. だから, 定理の結果が導かれる．

定理 6.7.5 $f(x)$ が $[a,b]$ で連続な関数であれば,
$$\int_a^b f(x)\,dx = f(c)(b-a) \quad (a < c < b)$$
となる c がある（積分における平均値の定理）．

証明 $[a,b]$ における $f(x)$ の最大値を M, 最小値を m とすると, 定理 6.7.4 により, $M(b-a) \geq \int_a^b f(x)\,dx \geq m(b-a)$. ゆえに, $M \geq \dfrac{1}{b-a}\int_a^b f(x)\,dx \geq m$. したがって, 連続関数の性質によって, $\dfrac{1}{b-a}\int_a^b f(x)\,dx = f(c) \quad (a < c < b)$ となる c がある．

注意 $a > b$ のときは $\int_a^b f(x)\,dx = f(c)(b-a)$ $(a > c > b)$ となる c がある.

定理 6.7.6 $f(x)$ が $[a, b]$ で連続のとき,
$$F(t) = \int_a^t f(x)\,dx \text{ とおけば}, F'(t) = f(t).$$

証明 t が Δ だけ増したときの $F(t)$ の増加を ΔF とおくと,
$$\Delta F = F(t + \Delta t) - F(t) = \int_a^{t+\Delta t} f(x)\,dx - \int_a^t f(x)\,dx$$
$$= \int_a^t f(x)\,dx + \int_t^{t+\Delta t} f(x)\,dx - \int_a^t f(x)\,dx$$
となり,
$$\Delta F = \int_t^{t+\Delta t} f(x)\,dx.$$
定理 6.7.5 によって,
$$\Delta F = f(\xi)(t + \Delta t - t) = f(\xi)\Delta t$$
となる ξ が t と $t + \Delta t$ の間にある. そこで, $f(x)$ が連続であることから,
$$F'(t) = \lim_{\Delta t \to 0} \frac{\Delta F}{\Delta t} = \lim_{\Delta t \to 0} f(\xi) = f(t).$$

6.7.1 定積分と不定積分の関係

$f(x)$ が連続関数とし, $F(t) = \int_a^t f(x)\,dx$ とおくと, 定理 6.7.6 によって,
$$F'(t) = f(t)$$
$f(x)$ の原始関数の 1 つを $G(x)$ とすると, $G'(t) = f(t)$ だから,
$$F'(t) = G'(t).$$
ゆえに,
$$F(t) = G(t) + C \quad (C \text{ は定数}).$$
$F(a) = \int_a^a f(x)\,dx = 0$ だから $G(a) + C = 0, C = -G(a).$
$$F(t) = G(t) - G(a).$$
ゆえに,
$$F(b) = G(b) - G(a) = [G(x)]_a^b.$$

したがって，次の定理が得られる．

> **定理 6.7.7** $f(x)$ が連続関数のとき，$\displaystyle\int_a^b f(x)\,dx = \left[\int f(x)\,dx\right]_a^b$.

これが定積分と不定積分の関係を示す式である．

> **例 6.7.1** $\displaystyle\int_0^1 \frac{dx}{1+x^2} = [\tan^{-1} x]_0^1 = \tan^{-1} 1 - \tan^{-1} 0 = \frac{\pi}{4}$.

問 6.7 $\displaystyle\int_0^a \sqrt{a^2-x^2}\,dx$ を求めよ．

6.8 定積分の計算と定義の拡張

部分積分法を定積分に適用すると，次のようになる．

> **定理 6.8.1** $\displaystyle\int_a^b f'g\,dx = [fg]_a^b - \int_a^b fg'\,dx$.

また，p.104 の式によって，

$$\int_0^{\frac{\pi}{2}} \sin^n x\,dx = \left[-\frac{1}{n}\sin^{n-1} x \cos x\right]_0^{\frac{\pi}{2}} + \frac{n-1}{n}\int_0^{\frac{\pi}{2}} \sin^{n-2} x\,dx$$

$$= \frac{n-1}{n}\int_0^{\frac{\pi}{2}} \sin^{n-2} x\,dx.$$

これを繰り返し使うと，n が偶数のときは $\displaystyle\int_0^{\frac{\pi}{2}} dx = \frac{\pi}{2}$ に帰着し，n が奇数のときは，$\displaystyle\int_0^{\frac{\pi}{2}} \sin x\,dx = [-\cos x]_0^{\frac{\pi}{2}} = 1$ に帰着して，結局次の結果を得る．

> **定理 6.8.2**
> n が偶数のとき，$\displaystyle\int_0^{\frac{\pi}{2}} \sin^n x\,dx = \frac{n-1}{n}\frac{n-3}{n-2}\cdots\frac{3}{4}\frac{1}{2}\frac{\pi}{2}$,
> n が奇数のとき，$\displaystyle\int_0^{\frac{\pi}{2}} \sin^n x\,dx = \frac{n-1}{n}\frac{n-3}{n-2}\cdots\frac{2}{3}$.

たとえば，$\displaystyle\int_0^{\frac{\pi}{2}} \sin^2 x\,dx = \frac{1}{2}\cdot\frac{\pi}{2} = \frac{\pi}{4}$, $\displaystyle\int_0^{\frac{\pi}{2}} \sin^5 x\,dx = \frac{4}{5}\cdot\frac{2}{3} = \frac{8}{15}$.

問 6.8 次の定積分を求めよ．
(1) $\displaystyle\int_0^1 e^{x^2} x^3\,dx$. (2) $\displaystyle\int_1^2 x^2 \log x\,dx$.

置換積分法を定積分に適用すると次のようになる．

定理 6.8.3 $f(x)$ が連続関数, $x = g(t)$ については $g'(t)$ が連続とする．このとき, $a = g(\alpha), b = g(\beta)$ とすると,
$$\int_a^b f(x)\,dx = \int_\alpha^\beta f(g(t))g'(t)\,dt.$$

証明 $\displaystyle\int f(x)\,dx = F(x)$ とおくと, $\displaystyle\int_a^b f(x)\,dx = F(b) - F(a)$.
また,
$$\int f(g(t))g'(t)\,dt = \int f(x)\,dx = F(x) = F(g(t)).$$
だから,
$$\int_\alpha^\beta f(g(t))g'(t)\,dt = [F(g(t))]_\alpha^\beta = F(g(\beta)) - F(g(\alpha)) = F(b) - F(a). \blacksquare$$

注意 この証明からわかるように，不定積分の計算と違って, $x = g(t)$ は増加関数または減少関数である必要はない．しかし，そのようにとっておくと扱いやすいことが多い．

例 6.8.1 $\displaystyle I = \int_0^1 x\sqrt{1-x}\,dx$.

$\sqrt{1-x} = t$ とおけば, $x = 1 - t^2, dx = -2t\,dt$.
$t = 1$ のとき $x = 0, t = 0$ のとき $x = 1$.
ゆえに,
$$I = \int_1^0 (1-t^2)t(-2t)\,dt = 2\int_1^0 (t^4 - t^2)\,dt = 2\left[\frac{1}{5}t^5 - \frac{1}{3}t^3\right]_1^0 = \frac{4}{15}.$$

例題 6.8.1 $\int_0^{\frac{\pi}{2}} f(\sin x)\,dx = \int_0^{\frac{\pi}{2}} f(\cos x)\,dx$ であることを証明せよ.

解 $x = \dfrac{\pi}{2} - t$ とおくと，$\sin x = \cos t$, $dx = -dt$.
$t = \dfrac{\pi}{2}$ のとき $x = 0$, $t = 0$ のとき $x = \dfrac{\pi}{2}$.
ゆえに
$$\int_0^{\frac{\pi}{2}} f(\sin x)\,dx = \int_{\frac{\pi}{2}}^0 f(\cos t)(-dt) = \int_0^{\frac{\pi}{2}} f(\cos x)\,dx.$$
定積分では，変数を t と書いても x と書いても同じだから，証明できたことになる．

6.8.1 定積分の定義の拡張

(I) これまでの定義によれば，$\lim_{x \to b-0} f(x) = \infty$ または $-\infty$ の場合，$\int_a^b f(x)\,dx$ は考えていない．しかし，$f(x)$ が連続のとき，小さい正数 ε に対してつねに $\int_a^{b-\varepsilon} f(x)\,dx$ は考えられる．$\varepsilon \to 0$ のとき $\int_a^{b-\varepsilon} f(x)\,dx$ の極限値が存在するならば，この値をもって，$\int_a^b f(x)\,dx$ と定義する．すなわち，
$$\int_a^b f(x)\,dx = \lim_{\varepsilon \to +0} \int_a^{b-\varepsilon} f(x)\,dx.$$
また，$\lim_{x \to a+0} f(x) = \infty$ または $-\infty$ のとき，
$$\int_a^b f(x)\,dx = \lim_{\varepsilon \to +0} \int_{a+\varepsilon}^b f(x)\,dx.$$

例 6.8.2 $\int_0^1 \dfrac{dx}{x^\alpha}$ $(0 < \alpha < 1)$.
$\varepsilon > 0$ に対し，
$$\int_\varepsilon^1 \frac{dx}{x^\alpha} = \left[\frac{x^{1-\alpha}}{1-\alpha}\right]_\varepsilon^1 = \frac{1-\varepsilon^{1-\alpha}}{1-\alpha}.$$
$\lim_{\varepsilon \to 0} \varepsilon^{1-\alpha} = 0$ だから，
$$\int_0^1 \frac{dx}{x^\alpha} = \frac{1}{1-\alpha}.$$

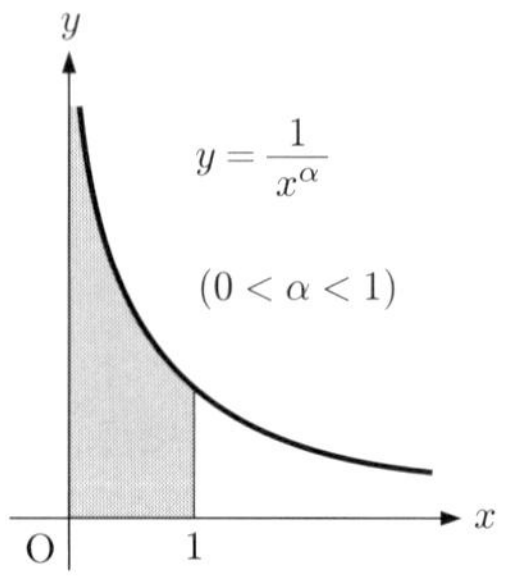

図 6.7

(II) 積分区間が有限でない場合については，

$$\int_a^\infty f(x)\,dx = \lim_{b\to\infty}\int_a^b f(x)\,dx, \quad \int_{-\infty}^b f(x)\,dx = \lim_{a\to-\infty}\int_a^b f(x)\,dx$$

とする．また，$\int_0^\infty f(x)\,dx, \int_{-\infty}^0 f(x)\,dx$ が存在するとき，

$$\int_{-\infty}^\infty f(x)\,dx = \int_{-\infty}^0 f(x)\,dx + \int_0^\infty f(x)\,dx$$

によって $\int_{-\infty}^\infty f(x)\,dx$ を定義する．$\int_b^{-\infty} f(x)\,dx, \int_\infty^a f(x)\,dx, \int_\infty^{-\infty} f(x)\,dx$ なども同様に定義できる．

例 6.8.3 $\displaystyle\int_1^\infty \frac{dx}{x^\alpha} \quad (\alpha > 1)$

$$\int_1^b \frac{dx}{x^\alpha} = \left[\frac{-x^{-\alpha+1}}{\alpha-1}\right]_1^b$$
$$= \frac{1}{\alpha-1}\left(1 - \frac{1}{b^{\alpha-1}}\right).$$
$$\lim_{b\to\infty}\frac{1}{b^{\alpha-1}} = 0$$

だから，
$$\int_1^\infty \frac{dx}{x^\alpha} = \frac{1}{\alpha-1}.$$

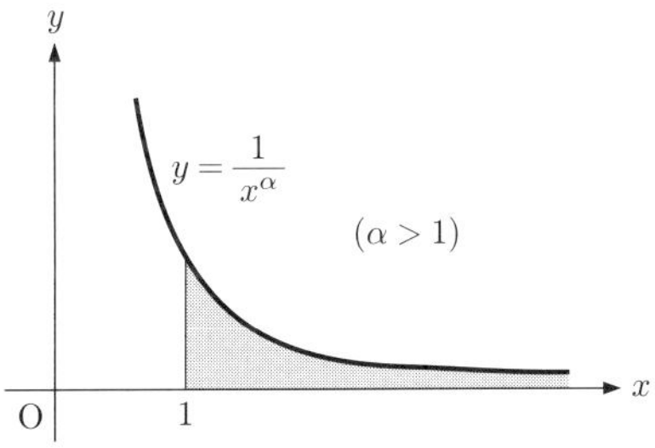

図 6.8

(III) $\displaystyle\int_a^{c_1} f(x)\,dx, \int_{c_1}^{c_2} f(x)\,dx, \cdots, \int_{c_{n-1}}^b f(x)\,dx$ が (I) の意味で存在するとき，$\displaystyle\int_a^b f(x)\,dx = \int_a^{c_1} f(x)\,dx + \int_{c_1}^{c_2} f(x)\,dx + \cdots + \int_{c_{n-1}}^b f(x)\,dx$ によって $\displaystyle\int_a^b f(x)\,dx$ を定義する．

例 6.8.4 $a > 0$ のとき,
$$\int_{-a}^{a} \frac{dx}{\sqrt{a^2 - x^2}} = \int_{-a}^{0} \frac{dx}{\sqrt{a^2 - x^2}} + \int_{0}^{a} \frac{dx}{\sqrt{a^2 - x^2}}$$
$$= \left[\sin^{-1} \frac{x}{a}\right]_{-a}^{0} + \left[\sin^{-1} \frac{x}{a}\right]_{0}^{a} = \frac{\pi}{2} + \frac{\pi}{2} = \pi.$$

例 6.8.5 $\int_{-1}^{1} \frac{dx}{x}$ は, (III) の意味でも存在しない. それは,
$$\int_{-1}^{1} \frac{dx}{x} = \int_{-1}^{0} \frac{dx}{x} + \int_{0}^{1} \frac{dx}{x}$$
であるが,
$$\int_{0}^{1} \frac{dx}{x} = \lim_{\varepsilon \to +0} \int_{\varepsilon}^{1} \frac{dx}{x} = \lim_{\varepsilon \to +0} [\log x]_{\varepsilon}^{1} = \lim_{\varepsilon \to +0} (-\log \varepsilon) = +\infty$$
となって, $\int_{0}^{1} \frac{dx}{x}$ は存在しないからである.

拡張された定積分についても, 定理 6.7.1, 定理 6.7.2, 定理 6.8.1 などはすべて成り立つ.

積分の計算はできないでも, 拡張された定積分の値の存在を確かめることができる場合がある. たとえば, 例 6.8.2, 例 6.8.3 をもとにして次のことがいえる.

$x > 0$ で $0 < f(x) < Ax^{-\alpha}$ $(0 < \alpha < 1)$ ならば $\int_{0}^{1} f(x)\,dx$ は存在する.

$x > 0$ で $0 < f(x) < Ax^{-\alpha}$ $(\alpha > 1)$ ならば $\int_{1}^{\infty} f(x)\,dx$ は存在する.

問 6.9 次の定積分を求めよ.
(1) $\int_{0}^{1} \log x\,dx$. (2) $\int_{-\infty}^{\infty} \frac{1}{x^2 + 1}\,dx$. (3) $\int_{1}^{\infty} \frac{1}{x(1+x)}\,dx$.

6.8.2 関数空間の内積

関数をベクトルとみて, その集合を考えたのが関数空間である. 積分できる関数を元とする関数空間では, 2 つの関数の内積を積分を使って定義すること

ができる．たとえば，$[a,b]$ で定義された連続関数の全体を F とするとき，その元 $f = f(x), g = g(x)$ について
$$(f,g) = \int_a^b f(x)g(x)\,dx$$
によって内積 (f,g) を定義すると，次のことが成り立つ $(f, g, h \in F)$．

$(f,g) = (g,f), (f+g,h) = (f,h) + (g,h), (cf,g) = c(f,g)$ （c は定数）

$(f,f) \geqq 0, (f,f) = 0$ ならば $f = 0$．

6.9 定積分の近似値

定積分の値を直接に計算することなく，その近似値を求めることを述べる．

(I) $f(x)$ が 1 次式または定数であるときは，
$$\int_a^b f(x)\,dx = \frac{b-a}{2}(f(a)+f(b))$$
これは図の上でいえば，台形の面積を求める公式である．

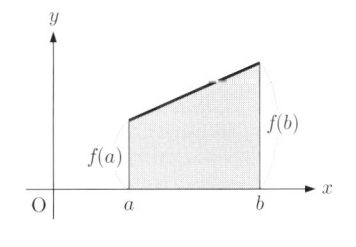

図 6.9

$$\int_a^b f(x)\,dx \doteqdot \frac{b-a}{2}(f(a)+f(b)) \tag{6.29}$$

とおくことができる．いま，$\int f(x)\,dx = F(x)$ とおけば，$F'(x) = f(x)$．ゆえに p.99 の第 5 章演習問題の 3 によって

$$\int_a^b f(x)\,dx = F(b) - F(a) = \frac{b-a}{2}(F'(a)+F'(b)) - \frac{(b-a)^3}{12}F'''(c)$$
$$= \frac{b-a}{2}(f(a)+f(b)) - \frac{(b-a)^3}{12}f''(c) \quad (a < c < b).$$

そこで，近似式 (I) での誤差を E とすると，$E = \dfrac{(b-a)^3}{12}f''(c)$，$[a,b]$ での $|f''(x)|$ の最大値を M とすると，

$$|E| \leqq \frac{(b-a)^3}{12}M. \tag{6.30}$$

そこで，$b-a \fallingdotseq 0$ でない場合については，区間 $[a,b]$ を n 等分し，
$$\frac{b-a}{n} = h$$
とおいて，各分点での $f(x)$ の値を順次 $y_0, y_1, y_2, \cdots, y_n$ とおく．すなわち，

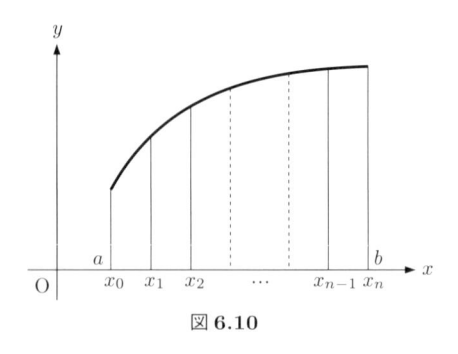

$$y_0 = f(a),\ y_1 = f(a+h),\ y_2 = f(a+2h),\ \cdots,\ y_n = f(b).$$

この n 等分された各区間に (6.29) を適用すると，次の台形公式が得られる．

$$\int_a^b f(x)\,dx \fallingdotseq \frac{b-a}{2n}\{(y_0+y_n) + 2(y_1+y_2+\cdots+y_{n-1}).\} \quad (6.31)$$

$[a,b]$ での $|f''(x)|$ の最大値を M とすれば，(6.30) により各小区間での誤差の絶対値は $\dfrac{h^3}{12}M$ を超えないから，(6.31) での誤差を E とすれば，

$$|E| \leq n\frac{h^3}{12}M = \frac{(b-a)^3 M}{12 n^2}. \quad (6.32)$$

(II) 上の台形公式より，もっと精密な式を導いてみよう．$f(x)$ が 2 次以下の整式のとき，

$$\int_a^b f(x)\,dx = \frac{b-a}{6}\left(f(a) + f(b) + 4f\left(\frac{a+b}{2}\right)\right).$$

一般に $b-a \fallingdotseq 0$ のとき，$f(x)$ に対し，

$$\int_a^b f(x)\,dx \fallingdotseq \frac{b-a}{6}\left(f(a) + f(b) + 4f\left(\frac{a+b}{2}\right)\right). \quad (6.33)$$

そこで，一般の場合に $[a,b]$ を $2n$ 等分し，

$$\frac{b-a}{2n} = h$$

とおき，各分点 $x_0 = a, x_1, x_2, \cdots, x_{2n} = b$ での $f(x)$ の値を $y_0, y_1, y_2, \cdots, y_{2n}$ として区間 $[x_0, x_1], [x_1, x_2], \cdots, [x_{2n-1}, x_{2n}]$ に (6.33) を適用すると，次のシンプソン (Simpson) の公式が得られる．

$$\int_a^b f(x)\,dx \fallingdotseq \frac{b-a}{6n}\{(y_0+y_{2n}) + 4(y_1+y_3+\cdots+y_{2n-1}) \\ + 2(y_2+y_4+\cdots+y_{2n-2})\}. \quad (6.34)$$

図 6.11

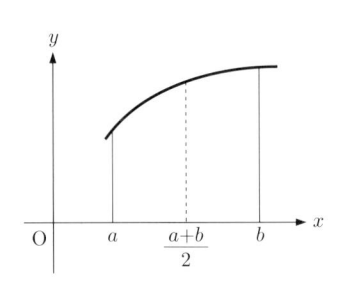

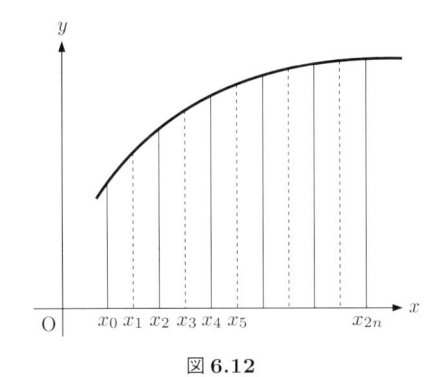

図 6.12

この場合の誤差を E とし，$[a,b]$ での $|f^{(4)}(x)|$ の最大値を M とすれば，(6.32) と同様にして，

$$|E| \leq n \frac{(2h)^5}{2880} M = \frac{(b-a)^5}{2880 n^4} M = \frac{(b-a)M}{180} h^4. \tag{6.35}$$

6.9.1　シンプソンの公式の例

$\int_0^1 \frac{dx}{1+x}$ を区間 $[0,1]$ を 10 等分し，シンプソンの公式で計算してみよう．この場合，$n=5$, $b-a=1$ であり，かつ，

$y_0 = 1,$　　　$y_1 = \dfrac{10}{11} = 0.909090,$　　$y_2 = \dfrac{10}{12} = 0.833333,$

　　　　　　　　$y_3 = \dfrac{10}{13} = 0.769230,$　　$y_4 = \dfrac{10}{14} = 0.714285,$

　　　　　　　　$y_5 = \dfrac{10}{15} = 0.666666,$　　$y_6 = \dfrac{10}{16} = 0.625000,$

　　　　　　　　$y_7 = \dfrac{10}{17} = 0.588235,$　　$y_8 = \dfrac{10}{18} = 0.555555,$

$y_{10} = \dfrac{1}{2} = 0.5,$　　$y_9 = \dfrac{10}{19} = 0.526315.$

これから，

$y_0 + y_{10} = 1.5,$

$y_1 + y_3 + y_5 + y_7 + y_9 = 3.459536,$

$y_2 + y_4 + y_6 + y_8 = 2.728173.$

したがって，

$$\int_0^1 \frac{dx}{1+x} \fallingdotseq \frac{1}{30}(1.5 + 3.459536 \times 4 + 2.728173 \times 2) = 0.6931496.$$

そこで，誤差の限界を計算してみよう．

$f(x) = \dfrac{1}{1+x} = (1+x)^{-1}$ とおくと，$f^{(4)}(x) = 24(1+x)^{-5}$. $[0,1]$ での $|f^{(4)}(x)|$ の最大値は 24 である．したがって，誤差を E とすると，(6.35) により，

$$|E| \leq \frac{24}{180} \cdot \frac{1}{10^4} = 0.000013 \cdots .$$

ゆえに，確実に信用しうる桁までとれば，

$$\int_0^1 \frac{dx}{1+x} = \log_e 2 = 0.6931.$$

6.10 図形の計量
6.10.1 面積

定理 6.10.1 $[a,b]$ で $f(x), g(x)$ が連続，かつ $f(x) \geqq g(x)$ のとき，4つの線，
$$x=a, \quad x=b,$$
$$y=f(x), \quad y=g(x)$$
で囲まれた部分の面積を S とすれば，
$$S = \int_a^b (f(x) - g(x))\, dx.$$

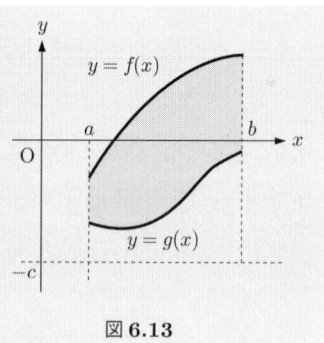

図 6.13

無限に延びている領域の面積が有限になることがある．

例題 6.10.1 曲線 $y = \dfrac{1}{1+x^2}$ と x 軸との間の部分の面積を求めよ．

解 これを S とすれば，
$$S = \int_{-\infty}^{\infty} \frac{dx}{1+x^2}$$
$$= [\tan^{-1} x]_{-\infty}^{\infty}$$
$$= \tan^{-1} \infty - \tan^{-1}(-\infty)$$
$$= \frac{\pi}{2} - \left(-\frac{\pi}{2}\right) = \pi.$$

図 6.14

6.10.2 体積

定理 6.10.2 空間の直線上で座標を考え，座標 x の点でこの直線に垂直な平面を作る．この平面で，立体 K を切った切り口の面積を $S(x)$ とすれば，この立体の 2 平面 $x=a$, $x=b$ $(a<b)$ の間にある部分の体積 V は，次の式で与えられる．

$$V = \int_a^b S(x)\,dx.$$

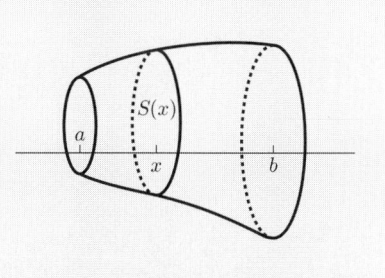

図 6.15

特別な場合として，次の定理が得られる．

定理 6.10.3 $f(x)$ が $[a,b]$ で連続な関数とし，3 つの直線 $x=a, x=b$, $y=0$ と曲線 $y=f(x)$ で囲まれた部分を x 軸のまわりに 1 回転してできる回転体の体積を V とすれば，

$$V = \int_a^b \pi y^3\,dx = \int_a^b \pi\{f(x)\}^2\,dx.$$

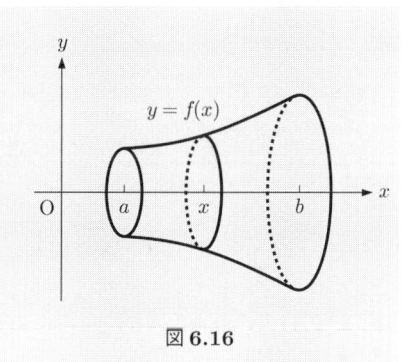

図 6.16

6.10.3 曲線の長さ

$f(x)$ は $[a,b]$ で定義されている関数で，この区間で $f'(x)$ は連続とする．曲線 $y=f(x)$ の $a \leq x \leq b$ なる部分の弧の長さ s を求める公式を計算してみよう．

まず区間 $[a,b]$ を n 分して分点を順に，$x_1, x_2, \cdots, x_{n-1}$ とし，ま

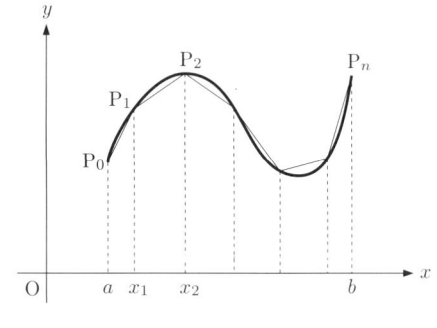

図 6.17

た $a = x_0$, $b = x_n$ とする．$h_i = x_i - x_{i-1}$ $(i = 1, 2, \cdots, n)$ とおき，$h_1, h_2, \cdots, h_n$ の最大値を h とし，この線上の 2 点，$\mathrm{P}_{i-1}(x_{i-1}, f(x_{i-1}))$，$\mathrm{P}_i(x_i, f(x_i))$ の距離を ℓ_i $(i = 1, 2, \cdots, n)$ とすれば，

$$\ell_i = \sqrt{(x_i - x_{i-1})^2 + (f(x_i) - f(x_{i-1}))^2}.$$

平均値の定理によれば，

$$f(x_i) - f(x_{i-1}) = (x_i - x_{i-1})f'(\xi_i) = h_i f'(\xi_i) \quad (x_{i-1} < \xi_i < x_i).$$

ゆえに，$\ell_i = \sqrt{1 + f'(\xi_i)^2}\, h_i$．

いま，$y = f(x)$ の $a \leqq x \leqq b$ なる部分の弧の長さ s は，折れ線の長さ $\displaystyle\sum_{i=1}^{n} \ell_i$ の $h \to 0$ なるときの極限値として定義されるから，

$$s = \lim_{h \to 0} \sum_{i=1}^{n} \ell_i = \lim_{h \to 0} \sum_{i=1}^{n} \sqrt{1 + f'(\xi_i)^2}\, h_i.$$

定理 6.6.2 によれば，この極限値は $\displaystyle\int_a^b \sqrt{1 + f'(x)^2}\, dx$ に等しいから，結局，次の結果が得られる．

> **定理 6.10.4** $f(x)$ が $[a, b]$ で定義された関数で $f'(x)$ は連続とする．このとき，曲線 $y = f(x)$ の $a \leqq x \leqq b$ の部分の長さを s とすると
>
> $$s = \int_a^b \sqrt{1 + \left(\frac{dy}{dx}\right)^2}\, dx.$$

> **例題 6.10.2** 放物線 $y = x^2$ の $0 \leqq x \leqq 1$ なる部分の弧の長さを求めよ．

解 $y' = 2x$ だから求める長さ s は，

$$\begin{aligned}
s &= \int_0^1 \sqrt{1 + (2x)^2}\, dx = 2 \int_0^1 \sqrt{x^2 + \frac{1}{4}}\, dx \\
&= \left[x\sqrt{x^2 + \frac{1}{4}} + \frac{1}{4} \log\left(x + \sqrt{x^2 + \frac{1}{4}} \right) \right]_0^1 \\
&= \frac{\sqrt{5}}{2} + \frac{1}{4} \log\left(1 + \frac{\sqrt{5}}{2} \right) - \frac{1}{4} \log \frac{1}{2}.
\end{aligned}$$

ゆえに, $s = \dfrac{\sqrt{5}}{2} + \dfrac{1}{4}\log(2+\sqrt{5})$.

6.10.4 回転体の曲面積

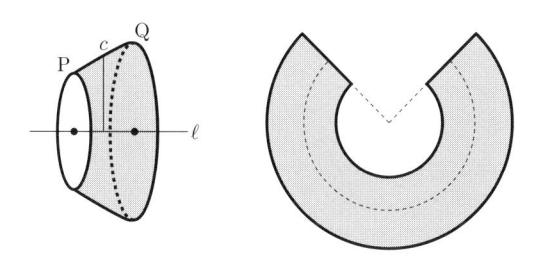

図 6.18

平面上に長さ c の線分 PQ とこれに交わらない直線 ℓ があるとする. この線分を直線 ℓ のまわりに 1 回転してできる曲面の面積を S とし, PQ の中点から ℓ へ下した垂線の長さを p とすると,

$$S = 2\pi pc \tag{6.36}$$

である. これは, この曲面の展開図を作ってみれば, 容易にわかる. 公式 (6.36) を使うと, 回転面の曲面積に関する次の公式が得られる.

定理 6.10.5 $f(x)$ は $[a,b]$ で定義されている関数で, $f(x) \geqq 0$ かつ, $f'(x)$ が連続とする. このとき, 曲線 $y = f(x)$ $(a \leqq x \leqq b)$ を x 軸のまわりに 1 回転してできる曲面の面積を S とすれば,

$$S = \int_a^b 2\pi y \sqrt{1+\left(\dfrac{dy}{dx}\right)^2}\,dx. \tag{6.37}$$

証明 区間 $[a,b]$ を n 分し, 分点を $x_1, x_2, \cdots, x_{n-1}$, また $a = x_0$, $b = x_n$ とし, $h_i = x_i - x_{i-1}$ $(i=1,2,\cdots,n)$, $h_1, h_2, \cdots, h_n$ の最大値を h とする. 区間 $[x_{i-1}, x_i]$ の中点を ξ_i, それに対応する $y=f(x)$ 上の点 M での接線が 2 直線 $x = x_{i-1}, x = x_i$ と交わる点を P, Q とする. 線分 PQ が x 軸のまわりに 1 回転してできる曲面の面積を S_i とすれば,

$$S_i = 2\pi f(\xi_i) \cdot \text{PQ}.$$

図 6.19

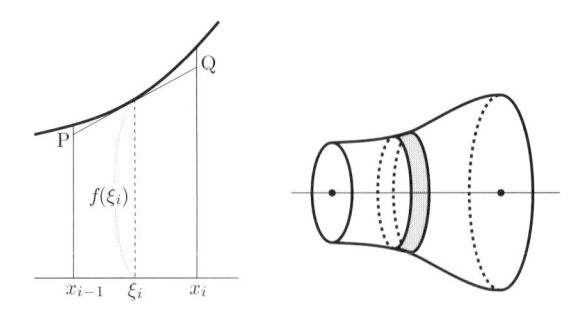

直線 PQ の傾きは $f'(\xi_i)$ だから，この直線が x 軸となす角を θ とすると，
$$\tan\theta = |f'(\xi_i)|.$$
ゆえに，$\mathrm{PQ} = (x_i - x_{i-1})\sec\theta = h_i\sqrt{1+\tan^2\theta} = h_i\sqrt{1+f'(\xi_i)^2}$. したがって，$S_i = 2\pi f(\xi_i)\sqrt{1+f'(\xi_i)^2}\,h_i$.

$\sum_{i=1}^{n} S_i$ の $h \to 0$ なるときの極限が求める回転面の面積 S と考えられる．したがって，
$$S = \lim_{h\to 0}\sum_{i=1}^{n} 2\pi f(\xi_i)\sqrt{1+f'(\xi_i)^2}\,h_i = \int_a^b 2\pi f(x)\sqrt{1+f'(x)^2}\,dx.$$

定理 6.10.5 は次のように書いてもよい．曲線 $y = f(x)$ 上の点 $x = a$ から任意の点までの長さを s とすれば，定理 6.10.3 により，
$$ds = \sqrt{1+(y')^2}\,dx.$$
したがって，(6.37) は次のように書ける．
$$S = \int 2\pi y\,ds.$$

例題 6.10.3 半径 r の球面を，距離 h の平行な 2 平面で切るとき，この 2 平面の間の部分の球面の面積を求めよ（この部分を球帯という）．

解 求める面積 S は，円 $x^2+y^2=r^2$ の
$$x=a, \quad x=a+h \quad (h>0)$$
の間の部分を x 軸のまわりに 1 回転したものである．いま，$x^2+y^2=r^2$ で y を x の関数とみて微分すると，
$$2x+2yy'=0, \quad y'=-\frac{x}{y}.$$
$$\sqrt{1+(y')^2}=\sqrt{1+\left(-\frac{x}{y}\right)^2}$$
$$=\frac{\sqrt{x^2+y^2}}{|y|}=\frac{r}{|y|}.$$

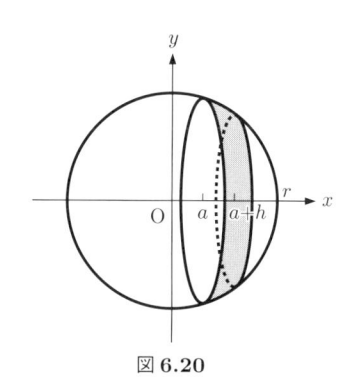

図 6.20

そこで，$y \geqq 0$ の部分を考えると，
$$S=\int_a^{a+h} 2\pi y\sqrt{1+(y')^2}\,dx = \int_a^{a+h} 2\pi y \frac{r}{y}\,dx = 2\pi r \int_a^{a+h} dx.$$
ゆえに，$S=2\pi rh$.

注意 この答は，a の値に関係しないことが大変おもしろい．また，$a=0, h=2r$ とすると，
$$\text{半径 } r \text{ の球面の面積は } 4\pi r^2$$
というよく知られた結果が得られる．

注意 球帯を，円弧 AB を直径のまわりに回転してできる曲面と考えると，その面積 S は，
$$(\text{弦 AB の長さ}) \times (\text{弧の中点のえがく円周の長さ})$$
となっている．

第 6 章　演習問題

1. 次の関数を積分せよ．

(1) $\dfrac{1}{\sqrt{x+1}+\sqrt{x}}$.   (2) $\dfrac{e^x-e^{-x}}{e^x+e^{-x}}$.   (3) $\dfrac{1}{x\log x}$.   (4) $x(\log x)^2$.

(5) $\sin^{-1} x$.   (6) $\tan^{-1} x$.   (7) $x\tan^{-1} x$.   (8) $\dfrac{1}{(x-1)^2(x^2+1)}$.

(9) $\dfrac{1}{1+\cos x}$.   (10) $\dfrac{1}{4+5\cos x}$.

2. $K_n = \int \dfrac{1}{(x^2+a^2)^n} dx \quad (a \neq 0)$ について

(1) $K_n = \dfrac{1}{2(n-1)a^2}\left(\dfrac{x}{(x^2+a^2)^{n-1}} + (2n-3)K_{n-1}\right) \quad (n \geqq 2)$.

(2) K_2, K_3 を求めよ.

3. 次の微分方程式を解け.

(1) $x^2 y' + y = 0$.　　(2) $y' = y \log x$.　　(3) $\sin x \cos^2 y - y' \cos^2 x = 0$.

(4) $y^2 dx + x^4 dy = 0$.　　(5) $y' = \dfrac{x-y}{x+y}$.　　(6) $y' = \dfrac{y^2}{x^2+xy}$.

(7) $e^x y' = 3e^x y + 6$.　　(8) $y' + y\cos x = \sin 2x$.

4. 微分方程式
$$y' + P(x)y = Q(x)y^n \quad (n \neq 1)$$
(これを ベルヌーイ (Bernoulli) の微分方程式と呼ぶ) は未知関数の変換 $u = y^{1-n}$ によって, 1 階線形微分方程式に帰着できる. このことを利用して, 次の微分方程式を解け.

(1) $y' + y = x^2 y^2$.　　(2) $y' + \dfrac{y}{x} = y^3$.

5. 次の微分方程式を解け.

(1) $y'' - 4y' + 7y = 0$.　　(2) $y'' - 3y' + 2y = 0$.　　(3) $y'' + 2y' + y = 0$.

6. 次の積分の値を求めよ.

(1) $\displaystyle\int_1^\infty \dfrac{1}{x(x+1)} dx$.　　(2) $\displaystyle\int_0^\infty x^3 e^{-x^2} dx$.　　(3) $\displaystyle\int_0^\infty \sin x \, dx$.

(4) $\displaystyle\int_a^b \sqrt{b-x}\,x - a\, dx \quad (0 < a < b)$.　　(5) $\displaystyle\int_0^\infty e^{-ax}\cos bx\, dx \quad (a > 0)$.

7 重積分

7.1 重積分

1 変数の関数 $f(x)$ の定積分は，曲線 $y=f(x)$ $(\geqq 0)$ と 3 つの直線 $x=a$, $x=b$, $y=0$ で囲まれた部分の面積を考えることから導かれる．同様にして，2 変数の関数 $f(x,y)$ の積分の概念は，次のような体積を考えることによって得られる．xy 平面上の領域 D の上で定義された関数

$$z=f(x,y) \quad (\geqq 0)$$

があるとき，この関数によって，空間に曲面が得られるが，D とこの曲面の

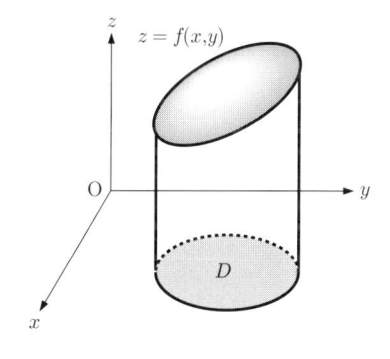

図 **7.1**

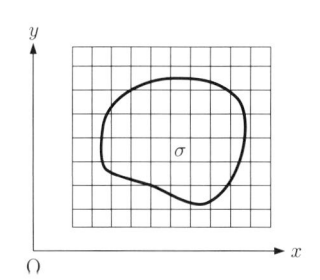

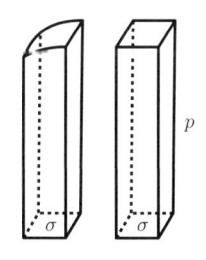

図 **7.2**

間の体積，すなわち D を底面とし，z 軸に平行な直線からなる柱状体で曲面 $z = f(x, y)$ より下の部分の体積 V を考える．この V は，次のようなものである．まず，領域 D を x 軸，y 軸に平行な辺をもつ長方形 K で囲み，これが

$$a \leq x \leq b, c \leq y \leq d$$

で定められるとする．この長方形 K を辺に平行ないくつかの直線で小さな長方形の集まりに細分し，その小さな長方形の 1 つ Q の面積を σ，その長方形内の任意の点での $f(x, y)$ の値を p とすると，$p\sigma$ は長方形 Q を底面とし，p を高さとする直方体の体積である．体積 V は，このような $p\sigma$ の和を作り，D の分け方を限りなく細かくしていった極限と考えられる．すなわち，

$$V = \lim \sum p\sigma. \tag{7.1}$$

この場合，$\sum p\sigma$ における和は，D に完全に含まれる小長方形は全部考えるが，D の境界にかかっているものは，とってもとらなくてもよい．

ところが，体積 V は，次のように積分を重ねて行うことによっても得られる．この立体を，点 $(x, 0, 0)$ を含んで yz 平面に平行な平面で切り，切り口の面積を $S(x)$ とする．これは積分によって求められる．この切り口が $\alpha \leq x \leq \beta$ の間で考えられるとすると，

$$V = \int_\alpha^\beta S(x) dx. \tag{7.2}$$

このように，体積 V は (7.1) のような極限と考えられるが，(7.2) によって計算を行うことができる．(7.1) のような極限を，体積を離れて一般的に考えると，重積分の概念が得られる．

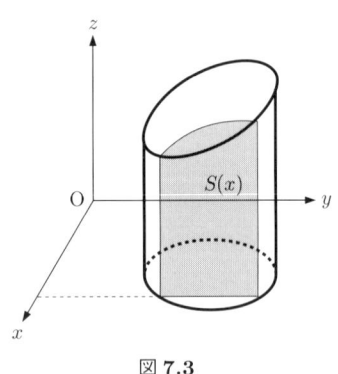

図 **7.3**

7.1.1 重積分の定義

xy 平面上の有界な領域 D（境界も入れる）で定義された有界な関数

$$z = f(x, y) \quad (\geq 0)$$

があるとし，D を長方形 $K: a \leqq x \leqq b, c \leqq y \leqq d$ で包む．さらに，区間 $a \leqq x \leqq b, c \leqq y \leqq d$ を

$$\Delta : \begin{cases} a = x_0 < x_1 < x_2 < \cdots < x_{m-1} < x_m = b \\ c = y_0 < y_1 < y_2 < \cdots < y_{n-1} < y_n = d \end{cases} \tag{7.3}$$

によって細分し，それによってできる長方形,

$$K_{ij}: x_{i-1} \leqq x \leqq x_i, \quad \begin{pmatrix} i = 1, 2, \cdots, m; \\ J = 1, 2, \cdots, n \end{pmatrix}$$
$$\phantom{K_{ij}:} y_{j-1} \leqq y \leqq y_j,$$

の面積を σ_{ij} とすると, $\sigma_{ij} = (x_i - x_{i-1})(y_j - y_{j-1})$. 細分長方形 K_{ij} の上での $f(x,y)$ の下限を m_{ij} とし, K_{ij} も D にまったく含まれるものをすべてとって, 和

$$s_\Delta = {\sum}' m_{ij}\sigma_{ij} \tag{7.4}$$

を作る．次に，K_{ij} での $f(x,y)$ の上限を M_{ij} とし，K_{ij} は D と共通点をもつすべてをとって，和

$$S_\Delta = {\sum}'' M_{ij}\sigma_{ij} \tag{7.5}$$

を作ると，もちろん

$$s_\Delta \leqq S_\Delta$$

である．ここに Δ は K の分割 (7.3) を示すものとする．そこで，分割 Δ を限りなく細かくする．すなわち，$x_1 - x_0, x_2 - x_1, \cdots, x_m - x_{m-1}, y_1 - y_0, y_2 - y_1, \cdots, y_n - y_{n-1}$ の最大値を δ とし，$\delta \to 0$ とするのである．このとき，

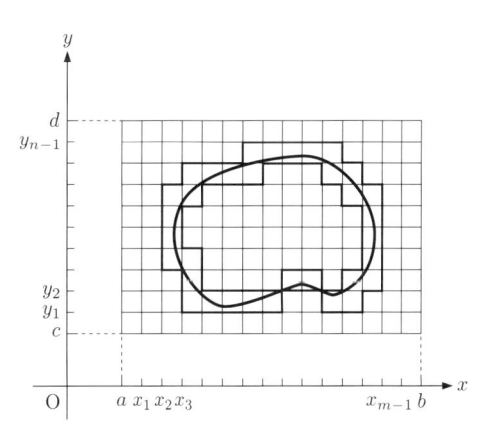

図 **7.4**

定理 7.1.1 (i) $f(x,y)$ が D で連続 (ii) D は面積をもっているという 2 つの条件が成り立っているときは，

$$\lim_{\delta \to 0} s_\Delta = \lim_{\delta \to 0} S_\Delta. \tag{7.6}$$

このことの証明は，ここでは述べない．ここで，(ii) の条件は，
$$\lim_{\delta \to 0}\left(\sum{}' \sigma_{ij} - \sum{}'' \sigma_{ij}\right) = 0.$$
すなわち，D の境界のところにある小長方形の面積 σ_{ij} の総和は，分割を限りなく細かくしていくとき，0 に近づくということである．たとえば，$f(x), g(x)$ が連続関数で，$f(x) \geqq g(x)$ のとき，2 つの線 $y = f(x), y = g(x)$ と，2 直線 $x = a, x = b$ $(a < b)$ とで囲まれた部分は，この意味で面積をもつことがわかっている．

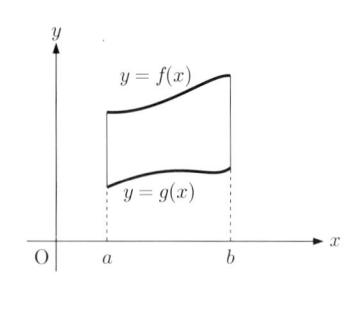

図 7.5

この (7.6) が成り立っているとき，
$$S = \lim_{\delta \to 0} s_\Delta = \lim_{\delta \to 0} S_\Delta$$
とおき，この S の値を，$\iint_D f(x,y)\,dx\,dy$ と書いて，$f(x,y)$ の D での積分 (2 次元の積分) という．

いま，小長方形 K_{ij} の任意の点を (ξ, η) とすると
$$m_{ij} \leqq f(\xi, \eta) \leqq M_{ij}. \tag{7.7}$$
そして，D 内に含まれる K_{ij} はすべて考えに入れ，境界のところの K_{ij} は自由に考えて（すなわち，一部は入れ，他は入れないでもよい）和 $\sum f(\xi, \eta)\sigma_{ij}$ を作ると，(7.4), (7.5), (7.7) によって，
$$s_\Delta \leqq \sum f(\xi, \eta)\sigma_{ij} \leqq S_\Delta.$$
ここで，分割を限りなく細かくすると，(7.6) によって次の結果が得られる．

定理 7.1.2 $\displaystyle\iint_D f(x,y)\,dx\,dy = \lim_{\delta \to 0} \sum f(\xi, \eta)\sigma_{ij}.$

実際に，重積分はこの形で扱われることが多い．また，$f(x,y) = 1$ のときは，その D での積分は D の面積に等しい．すなわち，$\iint_D dx\,dy = D$ の面積．ここで，左辺の式のように，積分記号のあとの $f(x,y) = 1$ は省いて書くのが慣例である．

重積分は，次の諸性質をもっている．

定理 7.1.3
$$\iint_D (f(x,y)+g(x,y))\,dx\,dy = \iint_D f(x,y)\,dx\,dy + \iint_D g(x,y)\,dx\,dy,$$
$$\iint_D cf(x,y)\,dx\,dy = c\iint_D f(x,y)\,dx\,dy \quad (c \text{ は定数}).$$

定理 7.1.4 D が 2 つの領域 D_1, D_2 に分割されているとき，
$$\iint_D f(x,y)\,dx\,dy = \iint_{D_1} f(x,y)\,dx\,dy + \iint_{D_2} f(x,y)\,dx\,dy.$$

これらの定理の厳密な証明はここでは述べないが，その正しいことは，積分の定義や定理 7.1.1 から理解されるであろう．

これまでは，$f(x,y) \geqq 0$ の場合を考えてきたのであるが，$f(x,y) \leqq 0$ の場合もまったく同様である．また，$f(x,y)$ が正にも負にもなるときは，

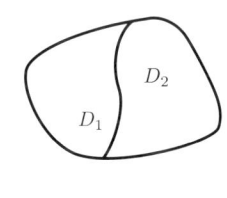

図 7.6

$$g(x,y) = \frac{1}{2}(|f(x,y)|+f(x,y)),\ h(x,y) = \frac{1}{2}(-|f(x,y)|+f(x,y))$$

とおけば，

$$f(x,y) = g(x,y) + h(x,y),\ g(x,y) \geqq 0,\ h(x,y) \leqq 0$$

と $f(x,y)$ が上に述べた関数に分解される．こうして，一般の関数についても，重積分が考えられ，これまでの定理はすべて成り立つことがわかる．また，積分範囲 D が有界でないときも，有界な場合の積分の極限として定義できる．その詳細はここでは述べない．

これまで述べてきたのは，2 変数の関数の積分であったが，3 変数以上の場合にも同様に考えられる．たとえば，$u = f(x,y,z)$ の 3 次元空間の領域 D での積分（3 次元積分）

$$\iiint_D f(x,y,z)\,dx\,dy\,dz$$

は次のように考えられる．まず D を包む直方体

$$K: \begin{array}{l} a_1 \leqq x \leqq a_2, \\ b_a \leqq y \leqq b_2, \\ c_1 \leqq z \leqq c_2 \end{array}$$

を考え，これを K の面に平行ないくつかの平面で小さな直方体 K_{ijk} に細分し，その体積を σ_{ijk}，K_{ijk} 内の任意の点を (ξ, η, ζ) とすると，

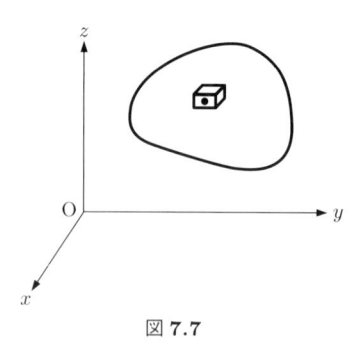

$$\iiint_D f(x,y,z)\,dx\,dy\,dz = \lim \sum f(\xi,\eta,\zeta)\sigma_{ijk}.$$

図 **7.7**

ここに，右辺の和は D に含まれる直方体全体と，D の境界と共通点をもついくつかの直方体についての和であり，極限は K の細分を限りなく細かくしていくのである．

7.2　重積分の計算

2 次元の積分 $\iint_D f(x,y)\,dx\,dy$ は体積の考えを推し進めたものであるから，p.142 の (7.2) のように，普通の 1 次元の積分に帰着させて計算することが予想される．実際，それは次のようである．はじめに上の積分における領域 D が

$$a \leqq x \leqq b,\ c \leqq y \leqq d$$

で決まる長方形 K である場合を考えよう．そうすると，次の定理が成り立つ．

定理 7.2.1
$$\iint_K f(x,y)\,dx\,dy = \int_a^b \left(\int_c^d f(x,y)\,dy \right) dx$$

$$K : \begin{pmatrix} a \leqq x \leqq b \\ c \leqq y \leqq d \end{pmatrix}.$$

証明　区間 $a \leqq x \leqq b,\ c \leqq y \leqq d$ を

$$\left. \begin{array}{l} a = x_0 < x_1 < x_2 < \cdots < x_{m-1} < x_m \\ c = y_0 < y_1 < y_2 < \cdots < y_{n-1} < y_n \end{array} \right\} \quad (7.8)$$

と細分し，これによって長方形 K を小さい長方形に分ける．そして，
$$K_{ij} : x_{i-1} \leqq x \leqq x_i,$$
$$y_{j-1} \leqq y \leqq y_j$$
なる長方形内での $f(x,y)$ の最大値を M_{ij}，最小値を m_{ij} とすると，その中の任意の点 (ξ_i, η_j) に対し，
$$m_{ij} \leqq f(\xi_i, \eta_j) \leqq M_{ij}.$$
したがって，積分の性質（p.124 の定理 6.7.4）によって，

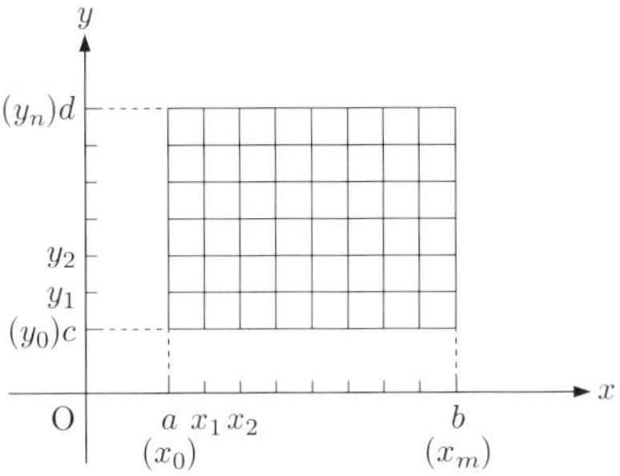

図 **7.8**

$$m_{ij}(y_j - y_{j-1}) \leqq \int_{y_{j-1}}^{y_j} f(\xi_i, y)\,dy \leqq M_{ij}(y_j - y_{j-1})$$
$$(\text{ここに，} x_{i-1} \leqq \xi_i \leqq x_i).$$
$j = 1, 2, \cdots, n$ について和をとると，
$$\sum_{j=1}^{n} m_{ij}(y_j - y_{j-1}) \leqq \int_c^d f(\xi_i, y)\,dy \leqq \sum_{j=1}^{n} M_{ij}(y_j - y_{j-1}).$$
さらに，これらに $x_i - x_{i-1}$ を掛け，$i = 1, 2, \cdots, m$ とおいて和をとる．このとき，
$$\sigma_{ij} = (x_i - x_{i-1})(y_j - y_{j-1}), \quad F(x) = \int_c^d f(x, y)\,dy$$
とおくと，
$$\sum_{ij} m_{ij}\sigma_{ij} \leqq \sum_i F(\xi_i)(x_i - x_{i-1}) \leqq \sum_{ij} M_{ij}\sigma_{ij}. \tag{7.9}$$
いま，(7.8) の分割を限りなく細かくしていけば，重積分の定義によって，
$$\lim \sum_{ij} m_{ij}\sigma_{ij} = \lim \sum_{ij} M_{ij}\sigma_{ij} = \iint_K f(x, y)\,dx\,dy.$$
また，$\lim \sum_i F(\xi_i)(x_i - x_{i-1}) = \int_a^b F(x)\,dx$ であるから，(7.9) によって，
$$\iint_K f(x, y)\,dx\,dy = \int_a^b \left(\int_c^d f(x, y)\,dy \right) dx.$$

定理 7.2.1 の右辺の積分を
$$\int_a^b dx \int_c^d f(x,y)\,dy \tag{7.10}$$
と書く．これは，2 つの積分の積という意味でなく，$\int_a^b dx$ を 1 つの算法記号とみて，x の関数
$$F(x) = \int_c^d f(x,y)\,dy$$
に算法 $\int_a^b dx$ を施したものという意味である．

定理 7.2.1 とまったく同様にして，
$$\iint_K f(x,y)\,dx\,dy = \int_c^d dy \int_a^b f(x,y)\,dx$$
が得られる．もちろん，この式の右辺も (7.10) と同様に解釈するのである．

例 7.2.1 K は $0 \leq x \leq 1, 0 \leq y \leq 1$ で定まる正方形のとき，
$$\iint_K (2x+3y)\,dx\,dy = \int_0^1 dx \int_0^1 (2x+3y)\,dy = \int_0^1 \left[2xy + \frac{3}{2}y^2\right]_{y=0}^{y=1} dx$$
$$= \int_0^1 \left(2x + \frac{3}{2}\right) dx = \left[x^2 + \frac{3}{2}x\right]_0^1 = \frac{5}{2}.$$

注意 K を示す不等式を積分記号の下へ書くことも多い．上の例でいえば，$\iint_{\substack{0 \leq x \leq 1 \\ 0 \leq y \leq 1}} (2x+3y)\,dx\,dy$ となる．

一般に，D が 4 つの線
$$\left.\begin{array}{l} x=a, \quad x=b \qquad (a<b) \\ y=\varphi_1(x), \quad y=\varphi_2(x) \quad (\varphi_1(x) \leqq \varphi_2(x)) \end{array}\right\} \tag{7.11}$$
で囲まれた領域のとき，$\iint_D f(x,y)\,dx\,dy$ を計算することを考えてみよう．それには，D を囲む長方形
$$K: a \leqq x \leqq b, \quad c \leqq y \leqq d$$

を考え, D で定義された関数 $f(x,y)$ を K の部分へ拡げて, 次の関数 $F(x,y)$ を作る.

$$F(x,y) = \begin{cases} f(x,y) & (\text{点 } (x,y) \text{ が } D \text{ に属するとき}) \\ 0 & (\text{点 } (x,y) \text{ が } D \text{ に属しないとき}). \end{cases}$$

そうすれば,
$$\iint_D f(x,y)\,dx\,dy = \iint_K F(x,y)\,dx\,dy$$
であることは, 定積分の定義から容易にわかる. 定理 7.2.1 と同様にして,
$$\iint_K F(x,y)\,dx\,dy = \int_a^b dx \int_c^d F(x,y)\,dy.$$
ところが,
$$\int_c^d F(x,y)\,dy = \int_{\varphi_1(x)}^{\varphi_2(x)} f(x,y)\,dy$$
であるから, 結局次の定理が得られる.

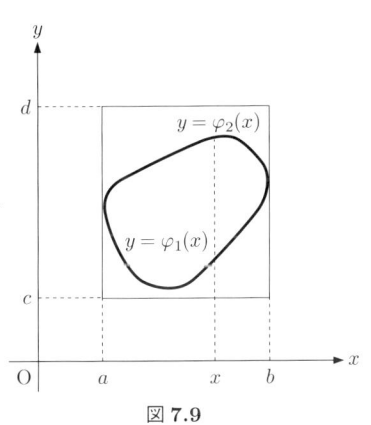

図 7.9

定理 7.2.2 D が (7.11) で囲まれた領域のとき,
$$\iint_D f(x,y)\,dx\,dy = \int_a^b dx \int_{\varphi_1(x)}^{\varphi_2(x)} f(x,y)\,dy.$$

この定理は, 左辺の 2 次元の積分が右辺のように 2 重の積分で表されることを示している. その意味で, 2 次元積分を 2 重積分ともいう.

例題 7.2.1 $\iint_K xy(1-x-y)\,dx\,dy \quad (K: x \geqq 0, y \geqq 0, x+y \leqq 1)$ を求めよ.

解 この場合は, 定理 7.2.2 において, $f(x,y) = xy(1-x-y)$, $a = 0$, $b = 1$, $\varphi_1(x) = 0$, $\varphi_2(x) = 1-x$ である. したがって,

$$I = \int_0^1 dx \int_0^{1-x} xy(1-x-y)\,dy$$
$$= \int_0^1 \left[x(1-x)\frac{y^2}{2} - x\frac{y^3}{3} \right]_{y=0}^{y=1-x} dx$$
$$= \int_0^1 \frac{1}{6} x(1-x)^3 \,dx.$$

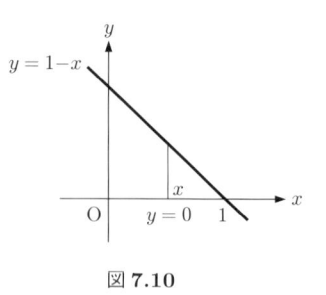

図 7.10

部分積分法によって,
$$\int x(1-x)^3 \,dx = -\frac{1}{4}(1-x)^4 \cdot x + \int \frac{1}{4}(1-x)^4 \,dx = -\frac{1}{4}(1-x)^4 \cdot x - \frac{1}{20}(1-x)^5.$$
ゆえに, $I = \dfrac{1}{120}$.

例題 7.2.2 $I = \displaystyle\iint_{x^2+y^2 \leq ax} \sqrt{x}\,dx\,dy \quad (a > 0)$ を求めよ.

解 $x^2 + y^2 = ax$ を y について解けば, $y = \pm\sqrt{ax - x^2}$.
$$I = \int_0^a dx \int_{-\sqrt{ax-x^2}}^{\sqrt{ax-x^2}} \sqrt{x}\,dy$$
$$= \int_0^a \left[\sqrt{x}\,y \right]_{y=-\sqrt{ax-x^2}}^{y=\sqrt{ax-x^2}} dx$$
$$= \int_0^a 2x\sqrt{a-x}\,dx.$$

図 7.11

$\sqrt{a-x} = t$ とおくと, $x = a - t^2$, $dx = -2t\,dt$ となり,
$$I = \int_{\sqrt{a}}^0 2(a-t^2)t(-2t)\,dt = 4\int_0^{\sqrt{a}} t^2(a-t^2)\,dt$$
$$= 4\left[\frac{1}{3}at^3 - \frac{1}{5}t^5 \right]_0^{\sqrt{a}} = \frac{8}{15} a^2 \sqrt{a}.$$

定理 7.2.2 と同様にして, 次の結果が得られる.

7.2 重積分の計算

定理 7.2.3 D が 4 つの線 $y = c, y = d \;\;(c < d)$, $x = \psi_1(y)$, $x = \psi_2(y)\;\;(\psi_1 \leqq \psi_2(y))$ で囲まれた領域のとき,
$$\iint_D f(x,y)\,dx\,dy = \int_c^d dy \int_{\psi_1(y)}^{\psi_2(y)} f(x,y)\,dx.$$

定理 7.2.2,定理 7.2.3 の結果によって,同じ D の境界が $x = a$, $x = b$, $y = \varphi_1(x)$, $y = \varphi_2(x)$ とも,また $y = c$, $y = d$, $x = \psi_1(y)$, $x = \psi_2(y)$ とも表されるときは,
$$\int_a^b dx \int_{\varphi_1(x)}^{\varphi_2(x)} f(x,y)\,dy$$
$$= \int_c^d dy \int_{\psi_1(y)}^{\psi_2(y)} f(x,y)\,dx$$
となる.この式によって,左辺から右辺を導いたり,右辺から左辺を導いたりすることを,**積分順序の変更**という.

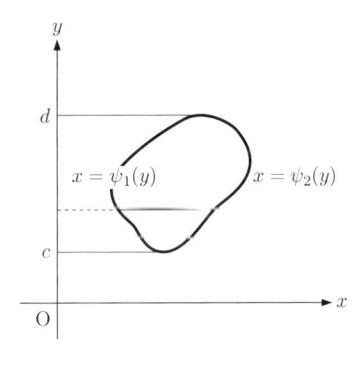

図 7.12

例 7.2.1 不等式 $x \geqq 0$, $y \geqq 0$, $\dfrac{x}{a} + \dfrac{y}{b} \leqq 1\;\;(a > 0, b > 0)$ で決まる領域の考察によって,
$$\int_0^a dx \int_0^{b(1-\frac{x}{a})} f(x,y)\,dy = \int_0^b dy \int_0^{a(1-\frac{y}{b})} f(x,y)\,dx.$$

3 次元の積分についても,やはり同じ方法で,これを 3 重積分に直すことができる.これを述べよう.

xy 平面上で,
$$x = a, x = b\,(a < b),$$
$$y = \varphi_1(x), y = \varphi_2(x) \quad (\varphi_1(x) \leqq \varphi_2(x))$$
で囲まれた領域を切り口とし,z 軸に平行な母線からなる柱状体を考え,この立体の 2 つの曲面
$$z = \psi_1(x,y),\; z = \psi_2(x,y) \quad (\psi_1(x,y) \leqq \psi_2(x,y))$$
の間にある部分を空間の領域 D とする.このとき,次の定理が成り立つ.

図 7.13

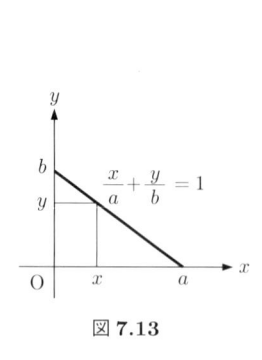

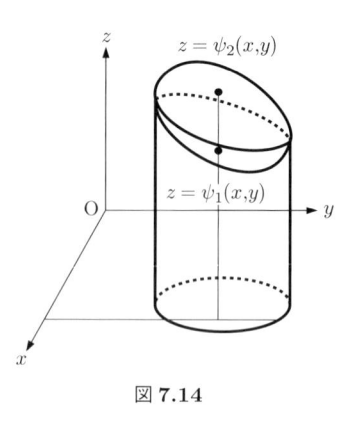

図 7.14

定理 7.2.4
$$\iiint_D f(x,y,z)\,dx\,dy\,dz = \int_a^b dx \int_{\varphi_1(x)}^{\varphi_2(x)} dy \int_{\psi_1(x,y)}^{\psi_2(x,y)} f(x,y,z)\,dz.$$

例題 7.2.3 $I = \iiint_D z\,dx\,dy\,dz \quad (D : x^2 + y^2 + z^2 \leqq r^2, z \geqq 0)$ を求めよ.

解 $x^2 + y^2 + z^2 = r^2, z = \pm\sqrt{r^2 - x^2 - y^2}.$
この場合は,定理 7.2.4 において,
$$f(x,y,z) = z, \psi_1(x,y) = 0, \psi_2(x,y) = \sqrt{r^2 - x^2 - y^2}$$
$$\varphi_1(x) = -\sqrt{r^2 - x^2}, \varphi_2(x) = \sqrt{r^2 - x^2}, a = -r, b = r.$$
ゆえに,
$$I = \int_{-r}^{r} dx \int_{-\sqrt{r^2-x^2}}^{\sqrt{r^2-x^2}} dy \int_0^{\sqrt{r^2-x^2-y^2}} z\,dz$$
$$= \int_{-r}^{r} dx \int_{-\sqrt{r^2-x^2}}^{\sqrt{r^2-x^2}} \frac{1}{2}(r^2 - x^2 - y^2)\,dy$$
$$= \int_{-r}^{r} \frac{1}{2}\left[(r^2 - x^2)y - \frac{1}{3}y^3\right]_{y=-\sqrt{r^2-x^2}}^{y=\sqrt{r^2-x^2}} dx$$
$$= \frac{2}{3}\int_{-r}^{r}(r^2 - x^2)^{\frac{3}{2}}\,dx = \frac{4}{3}\int_0^r (r^2 - x^2)^{\frac{3}{2}}\,dx.$$

$x = r\sin\theta$ とおいて,

$$I = \frac{4}{3}\int_0^{\frac{\pi}{2}} r^3 \cos^3\theta \cdot r\cos\theta\, d\theta = \frac{4}{3}r^4 \int_0^{\frac{\pi}{2}} \cos^4\theta\, d\theta$$

$$= \frac{4}{3}r^4 \cdot \frac{3}{4}\frac{1}{2}\frac{\pi}{2} = \frac{1}{4}\pi r^4.$$

問 7.1 次の各積分の順序を変更せよ.

(1) $\displaystyle\int_0^a dx \int_{\alpha x}^{\beta x} f(x,y)\, dy \quad (a>0,\ \beta>\alpha,\ \alpha\beta \neq 0).$

(2) $\displaystyle\int_0^a dx \int_{x^2-\alpha x}^0 f(x,y)\, dx.$ (3) $\displaystyle\int_{-a}^a dx \int_0^{\sqrt{a^2-x^2}} f(x,y)\, dy \quad (a>0).$

(4) $\displaystyle\int_0^a dy \int_{-\sqrt{-y}}^{\sqrt{y}} f(x,y)\, dx \quad (a>0).$

問 7.2 次の 2 重積分を計算せよ

(1) $\displaystyle\iint_S (x^2+y^2)\, dx\, dy,\ S = \{(x,y)|x+y \leq 1,\ 0 \leq x,\ 0 \leq y\}.$

(2) $\displaystyle\iint_S xy\, dx\, dy,\ S = \{(x,y)|x+y \leq 1,\ 0 < y\}.$

(3) $\displaystyle\iint_S y\cos xy\, dx\, dy,\ S = \left\{(x,y)\middle| 0 \leq x \leq \frac{\pi}{2},\ 0 \leq y \leq 1\right\}.$

(4) $\displaystyle\iint_S \sqrt{x}\, dx\, dy = \{(x,y)|x^2+y^2 \leq x\}.$

問 7.3 次の 3 重積分を計算せよ.

(1) $\displaystyle\iiint_V e^{x+y+z}\, dx\, dy\, dz,\ V = \{(x,y,z)|0 \leq x,y,z \leq 1\}.$

(2) $\displaystyle\iiint_V xyz\, dx\, dy\, dz,\ V = \{(x,y,z)|0 \leq x,y,z,\ x+y+z \leq 1\}.$

7.3 変数の変換

2 重積分

$$I = \iint_D f(x,y)\, dx\, dy \tag{7.12}$$

において, 変数の変換を行うとき, それがどのような形になるかを調べてみよう. すなわち,

$$x = \varphi(u,v), \quad y = \psi(u,v) \tag{7.13}$$

によって，変数を u,v に変えるとき，(7.12) が
$$I = \iint_K F(u,v)\,du\,dv$$
の形になるとすると，K や $F(u,v)$ はどんなものであるかを決めようというのである．それには，(7.13) によって，平面上の点 (u,v) が点 (x,y) に移る様子を調べなければならない．そこで，まず (7.13) の形の変換の中で最も基本的な 1 次変換について考えることにしよう．

7.3.1 1 次変換

a,b,c,d が定数で，$\Delta = ad - bc > 0$ とし，(u,v) から (x,y) への 1 次変換
$$x = au + bv, \quad y = cu + dv \tag{7.14}$$
を考える．このとき，uv 平面内の 4 点

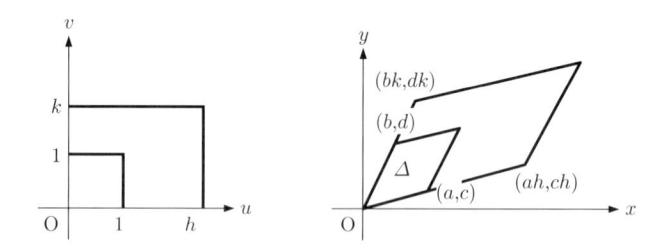

図 7.15

$$(0,0), \quad (1,0), \quad (0,1), \quad (1,1)$$
を頂点とする正方形は，xy 平面内の 4 点
$$(0,0), \quad (a,c), \quad (b,d) \quad (a+b, c+d)$$
を頂点とする平行四辺形へ移り，この平行四辺形の面積は，
$$\Delta = ad - bc$$
である．また，4 点
$$(0,0), \quad (h,0), \quad (0,k), \quad (h,k)$$
を頂点とする uv 平面上の長方形（面積 hk）は，xy 平面上の 4 点
$$(0,0), \quad (ah,ch), \quad (bk,dk), \quad (ah+bk, ch+dk)$$

を頂点とする平行四辺形（面積 $hk\Delta$）へ移る．そして，面積は Δ 倍になるわけである．一般に，uv 平面上の座標軸に平行な直線を辺とする長方形は，xy 平面上の平行四辺形へ移り，面積は Δ 倍になる．

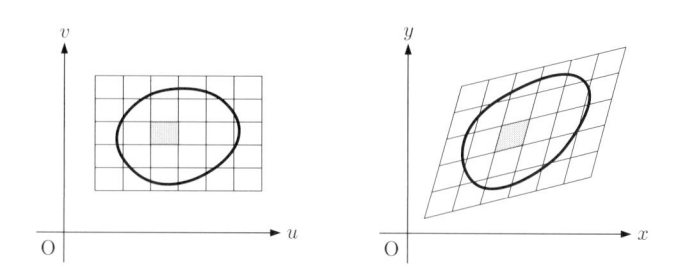

図 **7.16**

そこで，1 次変換 (7.14) によって領域 D へ移る領域を K とする．この K は，(7.14) を u,v について解いて得られる 1 次変換
$$u = \frac{1}{\Delta}(dx - by), \quad v = \frac{1}{\Delta}(-cx + ay)$$
によって D から得られる．いま，uv 平面上で K を座標軸に平行な辺をもつ長方形で囲み，この長方形を辺に平行な直線で小さな長方形に細分する．この小長方形（面積 σ）の 1 次変換 (7.14) による像の平行四辺形の面積を ω とすると，
$$\omega = \sigma\Delta \quad (\Delta = ad - bc).$$
この平行四辺形内の点を (ξ, η) とする．uv 平面上の長方形の細分を限りなく細かくしていくと，xy 平面上の分割も限りなく細かくなって，
$$\iint_D f(x, y)\, dx\, dy = \lim \sum f(\xi, \eta)\,\omega$$
（このことの証明はここでは省略するが，定積分と体積の関係から考えれば容認されるであろう）．ところが，
$$\lim \sum f(x, y)\omega = \lim \sum f(\xi, \eta)\,\Delta \cdot \sigma = \iint_K f(au + bv, cu + dv)\Delta\, du\, dv.$$
すなわち，(7.14) の変換に対して，
$$\iint_D f(x, y)\, dx\, dy = \iint_K f(au + bv, cu + dv)\Delta\, du\, dv.$$

7.3.2 一般の変換

変換
$$x = \varphi(u,v),\ y = \psi(u,v) \tag{7.15}$$
において,その逆変換も考えられるとし,
$$J = \begin{vmatrix} \dfrac{\partial x}{\partial u} & \dfrac{\partial x}{\partial v} \\ \dfrac{\partial y}{\partial u} & \dfrac{\partial y}{\partial v} \end{vmatrix} > 0$$
とする.いま,(u,v) を固定してこれに対応する (x,y) を考え,(7.15) で $(u+\Delta u, v+\Delta v)$ に対応するものを $(x+\Delta x, y+\Delta y)$ とおけば,
$$\Delta x = \varphi_u \Delta u + \varphi_v \Delta v + \varepsilon_1,\ \Delta y = \psi_u \Delta u + \psi_v \Delta v + \varepsilon_2$$
となる.ここで,$\varepsilon_1, \varepsilon_2$ は $\Delta u, \Delta v$ が微小のとき,それらについて 2 次以上の微小量である.したがって,(u,v) の近くでは,変換 (7.15) は,
$$\Delta x = \varphi_u \Delta u + \varphi_v \Delta v, \quad \Delta y = \psi_u \Delta u + \psi_v \Delta v \tag{7.16}$$
で決まる 1 次変換 $(\Delta_u, \Delta_v) \to (\Delta x, \Delta y)$ にほぼ近いものと考えられる.そこで,uv 平面上の領域 K を座標軸に平行な辺をもつ長方形に細分する.$(u,v), (u+\Delta u, v), (u, v+\Delta v), (u+\Delta u, v+\Delta v)$ を 4 頂点にもつ長方形は,変換 (7.16) によって面積
$$(\varphi_u \psi_v - \varphi_v \psi_u)\Delta u \Delta v = J\,\Delta u\,\Delta v$$
の平行四辺形に移る.そして,変換 (7.15) によって xy 平面上に生ずる 4 つの曲線弧で囲まれた領域の面積を ω とすれば,
$$\omega = J\,\Delta u\,\Delta v + \varepsilon \quad (\varepsilon は \Delta u, \Delta v について 3 次以上)$$

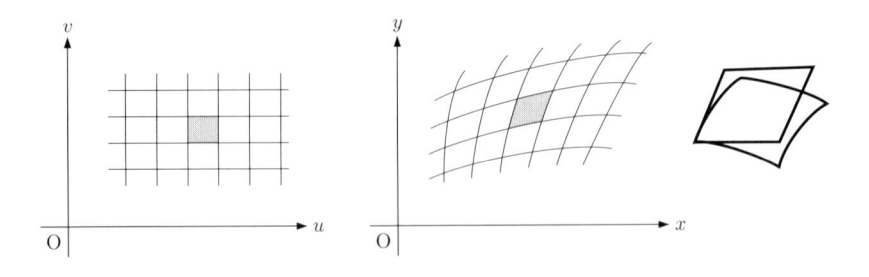

図 7.17

となる（証明は省略する）．この曲線弧で囲まれた領域内の点を (ξ,η) とすれば，

$$\iint_D f(x,y)\,dx\,dy = \lim \sum f(\xi,\eta)\omega$$
$$= \lim \left(\sum f(\xi,\eta) J\,\Delta u\,\Delta v + \sum f(\xi,\eta)\varepsilon \right).$$

右辺の第 2 項の極限は 0 となって，次の定理が得られる．

定理 7.3.1 $x=\varphi(u,v), y=\psi(u,v)$ のとき，写像 $(u,v)\to(x,y)$ で領域 K が 1 対 1 に D に移るとし，かつ，

$$J = \frac{\partial(x,y)}{\partial(u,v)} = \begin{vmatrix} \dfrac{\partial x}{\partial u} & \dfrac{\partial x}{\partial v} \\ \dfrac{\partial y}{\partial u} & \dfrac{\partial y}{\partial v} \end{vmatrix} > 0$$

とすれば，$\displaystyle\iint_D f(x,y)\,dx\,dy = \iint_K f(\varphi,\psi)\,J\,du\,dv.$

例 7.3.1 $x=au+bv,\ y=cu+dv$ （a,b,c,d は定数，$ad-bc>0$）．

このときは，

$$J = \begin{vmatrix} x_u & x_v \\ y_u & y_v \end{vmatrix} = \begin{vmatrix} a & b \\ c & d \end{vmatrix} = ad-bc.$$

特に，$x=au,\ y=bv$ のときは，$J=ab$．

たとえば，$I=\displaystyle\iint_D f(x,y)\,dx\,dy,\quad D:\dfrac{x^2}{a^2}+\dfrac{y^2}{b^2}\leqq 1$ で，$x=au,\ y=bv$ とおけば，

$$I = \iint_K f(au,bv)\,ab\,du\,dv, \quad K: u^2+v^2\leqq 1.$$

例 7.3.2 $x=r\cos\theta,\ y=r\sin\theta$ のときは，

$$J = \begin{vmatrix} x_r & x_\theta \\ y_r & y_\theta \end{vmatrix} = \begin{vmatrix} \cos\theta & -r\sin\theta \\ \sin\theta & r\cos\theta \end{vmatrix} = r.$$

この場合は，応用が多いので，定理としておこう．

定理 7.3.2 $x = r\cos\theta, y = r\sin\theta$ のとき,
$$\iint_D f(x,y)\,dx\,dy = \iint_K f(r\cos\theta, r\sin\theta)\,r\,dr\,d\theta.$$

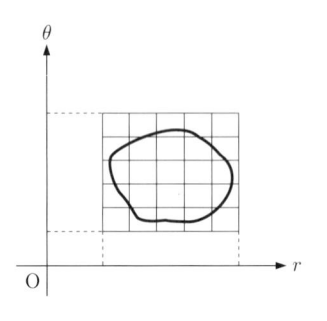

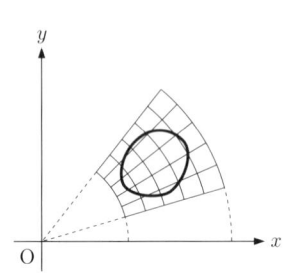

図 7.18

例題 7.3.1 $I = \iint_D \sqrt{x}\,dx\,dy \quad (D: x^2 + y^2 \leq x)$ を求めよ.

解 $x = r\cos\theta,\ y = r\sin\theta$ のとき, $x^2 + y^2 \leq x$ は $r \leq \cos\theta$ となる. したがって, 定理 7.3.2 により,

$$I = \iint_K \sqrt{r\cos\theta}\,r\,dr\,d\theta$$
$$= 2\int_0^{\frac{\pi}{2}} d\theta \int_0^{\cos\theta} r^{\frac{3}{2}}\sqrt{\cos\theta}\,dr$$
$$= 2\int_0^{\frac{\pi}{2}} \left[\frac{2}{5}r^{\frac{5}{2}}(\cos\theta)^{\frac{1}{2}}\right]_0^{\cos\theta} d\theta$$
$$= 2\int_0^{\frac{\pi}{2}} \frac{2}{5}\cos^3\theta\,d\theta = \frac{4}{5}\int_0^{\frac{\pi}{2}} \cos^3\theta\,d\theta = \frac{4}{5} \cdot \frac{2}{3} = \frac{8}{15}.$$

図 7.19

例題 7.3.2 $\int_0^\infty e^{-x^2}\,dx = \dfrac{\sqrt{\pi}}{2}$ を証明せよ.

証明 $I(a) = \int_0^a e^{-x^2}\,dx \quad (a > 0)$
とおくと，
$$(I(a))^2 = \int_0^a e^{-x^2}\,dx \cdot \int_0^a e^{-y^2}\,dy$$
$$= \int_0^a \left(\int_0^a e^{-x^2} \cdot e^{-y^2}\,dy\right) dx.$$
そこで，$0 \leqq x \leqq a,\ 0 \leqq y \leqq a$ で決まる正方形の内部を K とすれば，
$$(I(a))^2 = \iint_K e^{-(x^2+y^2)}\,dx\,dy.$$

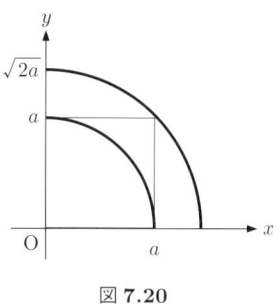

図 **7.20**

そこで，原点を中心として半径 $a,\ \sqrt{2}a$ の円を描き，これらの内部で第 1 象限にある部分をそれぞれ S_1, S_2 とすると，
$$\iint_{S_1} e^{-(x^2+y^2)}\,dx\,dy < (I(a))^2 < \iint_{S_2} e^{-(x^2+y^2)}\,dx\,dy.$$
そこで，$x = r\cos\theta,\ y = r\sin\theta$ とおくと，
$$\iint_{S_1} e^{-(x^2+y^2)}\,dx\,dy = \int_0^{\frac{\pi}{2}} d\theta \int_0^a e^{-r^2} r\,dr$$
$$= \int_0^{\frac{\pi}{2}} \left[\frac{-1}{2}e^{-r^2}\right]_{r=0}^{r=a} d\theta = \frac{\pi}{4}\left(1 - e^{-a^2}\right).$$
同様に，$\iint_{S_2} e^{-(x^2+y^2)}\,dx\,dy = \dfrac{\pi}{4}\left(1 - e^{-2a^2}\right).$
ゆえに，$\dfrac{\pi}{4}\left(1 - e^{-a^2}\right) < (I(a))^2 < \dfrac{\pi}{4}\left(1 - e^{-2a^2}\right).$
平方根をとって $a \to \infty$ にすることによって，
$$\lim_{a\to\infty} I(a) = \sqrt{\frac{\pi}{4}} = \frac{\sqrt{\pi}}{2} \quad \text{すなわち} \quad \int_0^\infty e^{-x^2}\,dx = \frac{\sqrt{\pi}}{2}.$$

注意 この積分は，確率の理論における正規分布と関連して，きわめて大切である．なお，$\int e^{-x^2}\,dx$ はこれまで知っている関数では表せない．

3 つ以上の変数の変換についても同様である．3 変数では，

定理 7.3.3 $x = \xi(u,v,w)$, $y = \eta(u,v,w)$, $z = \zeta(u,v,w)$ のとき, 写像 $(u,v,w) \to (x,y,z)$ によって領域 K が D に移るとし, かつ

$$J = \frac{\partial(x,y,z)}{\partial(u,v,w)} = \begin{vmatrix} \dfrac{\partial x}{\partial u} & \dfrac{\partial x}{\partial v} & \dfrac{\partial x}{\partial w} \\ \dfrac{\partial y}{\partial u} & \dfrac{\partial y}{\partial v} & \dfrac{\partial y}{\partial w} \\ \dfrac{\partial z}{\partial u} & \dfrac{\partial z}{\partial v} & \dfrac{\partial z}{\partial w} \end{vmatrix} > 0$$

とすれば,

$$\iiint_D f(x,y,z)\,dx\,dy\,dz = \iiint_K f(\xi,\eta,\zeta) J\,du\,dv\,dw.$$

例 7.3.3 $x = a_1 u + b_1 v + c_1 w$, $y = a_2 u + b_2 v + c_2 w$, $z = a_3 u + b_3 v + c_3 w$ (係数はすべて定数) のときは,

$$J = \begin{vmatrix} a_1 & b_1 & c_1 \\ a_2 & b_2 & c_2 \\ a_3 & b_3 & c_3 \end{vmatrix}.$$

特に, $x = au$, $y = bv$, $z = cw$ のときは, $J = abc$.

空間の極座標には, 円柱座標, 球面座標の 2 種類がある.

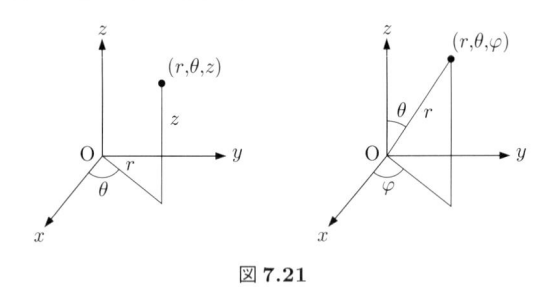

図 7.21

7.3.3 円柱座標 (r, θ, z)

この場合, 直角座標との関係は,
$$x = r\cos\theta,\ y = r\sin\theta,\ z = z$$
であって,
$$J = \frac{\partial(x,y,z)}{\partial(r,\theta,z)} = r.$$

7.3.4 球面座標 (r, θ, φ)

この場合は，直角座標との関係は，
$$x = r\sin\theta\cos\varphi,\ y = r\sin\theta\sin\varphi,\ z = r\cos\theta.$$
ゆえに，
$$J = \frac{\partial(x,y,z)}{\partial(r,\theta,\varphi)}$$
$$= \begin{vmatrix} \sin\theta\cos\varphi & r\cos\theta\cos\varphi & -r\sin\theta\sin\varphi \\ \sin\theta\sin\varphi & r\cos\theta\sin\varphi & r\sin\theta\cos\varphi \\ \cos\theta & -r\sin\theta & 0 \end{vmatrix} = r^2\sin\theta.$$
したがって，
$$\iiint_D f(x,y,z)\,dx\,dy\,dz$$
$$= \iiint_K f(r\sin\theta\cos\varphi, r\sin\theta\sin\varphi, r\cos\theta)r^2\sin\theta\,dr\,d\theta\,d\varphi.$$
この場合，r が r から $r+dr$，θ が θ から $\theta+d\theta$，φ が φ から $\varphi+d\varphi$ まで動くときの点 (r,θ,φ) の動く領域の体積が，ほぼ $r^2\sin\theta\,dr\,d\theta\,d\varphi$ となっているのである．

例題 7.3.3 $I = \iiint_D x^2\,dx\,dy\,dz$ $(D: \dfrac{x^2}{a^2} + \dfrac{y^2}{b^2} + \dfrac{z^2}{c^2} \leqq 1)$ を求めよ．

解 $x = au,\ y = bv,\ z = cw$ とおくと，$J = abc$ だから，
$$I = \iiint_{u^2+v^2+w^2\leqq 1} a^2u^2 \cdot abc\,du\,dv\,dw = \iiint_{u^2+v^2+w^2\leqq 1} a^3bcu^2\,du\,dv\,dw.$$
次に，(u,v,w) から球面座標 (r,θ,φ) へ移ると，
$$I = a^3bc\iiint (r\sin\theta\cos\varphi)^2 r^2\sin\theta\,dr\,d\theta\,d\varphi$$
$$= a^3bc\int_0^{2\pi} d\varphi \int_0^\pi d\theta \int_0^1 r^4\sin^3\theta\cos^2\varphi\,dr$$
$$= a^3bc \cdot 4\int_0^{\frac{\pi}{2}} \cos^2\varphi\,d\varphi \cdot 2\int_0^{\frac{\pi}{2}} \sin^3\theta\,d\theta \cdot \int_0^1 r^4\,dr$$
$$= a^3bc \cdot 4 \cdot \frac{1}{2}\frac{\pi}{2} \cdot 2 \cdot \frac{2}{3} \cdot \frac{1}{5}.$$

ゆえに，
$$I = \frac{4\pi}{15}a^3 bc.$$

n 重積分
$$I = \iint \cdots \int_D f(x_1, x_2, \cdots, x_n)\, dx_1\, dx_2 \cdots dx_n$$
の定義および計算法についても，2 次元，3 次元の場合と同様である．

例題 7.3.4 $D: x_1 \geqq 0, x_2 \geqq 0, \cdots, x_n \geqq 0, x_1 + x_2 + \cdots + x_n \leqq a$ のとき，
$$\iint \cdots \int_D dx_1\, dx_2 \cdots dx_n = \frac{a^n}{n!}$$
であることを示せ．

証明 $I_n = \iint \cdots \int_D dx_1\, dx_2 \cdots dx_n$ とおいて，数学的帰納法で証明しよう．まず $n=1$ のときは明らかである．$n-1$ のとき正しいとして，n のときを導いてみよう．まず，
$$I_n = \int_0^a \left(\iint \cdots \int_{D_1} dx_1\, dx_2 \cdots dx_{n-1} \right) dx_n$$
ここで，$D_1: x_1 \geqq 0, x_2 \geqq 0, \cdots, x_{n-1} \geqq 0, x_1 + x_2 + \cdots + x_{n-1} \leqq a - x_n$. だから帰納法の仮定によって，
$$\iint \cdots \int_{D_1} dx_1\, dx_2 \cdots dx_{n-1} = \frac{1}{(n-1)!}(a - x_n)^{n-1}.$$
ゆえに，
$$I_n = \int_0^a \frac{1}{(n-1)!}(a - x_n)^{n-1}\, dx_n = \left[\frac{1}{n!}(a - x_n)^n \right]_0^a = \frac{1}{n!}a^n. \blacksquare$$

問 7.4 変数変換を用いて，次の積分を計算せよ．
(1) $\iint_{x^2+y^2 \leqq a^2} (x^2 + y^2)\, dx\, dy.$ (2) $\iint_{x^2+y^2 \leqq 2x} x\, dx\, dy.$
(3) $\iiint_{x^2+y^2+z^2 \leqq a^2} (x^2 + y^2 + z^2)\, dx\, dy\, dz.$
(4) $\iiint_{\substack{x^2+y^2 \leqq 2x \\ x \leqq z \leqq 2x}} dx\, dy\, dz.$

7.4 面積および体積

7.4.1 面積

領域 D の面積は $\iint_D dx\,dy$ で与えられる.

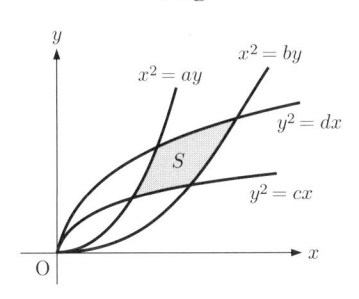

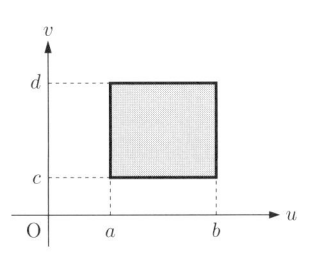

図 **7.22**

例題 7.4.1 4 つの曲線
$$x^2 = ay, \quad x^2 = by \quad (0 < a < b),$$
$$y^2 = cx, \quad y^2 = dx \quad (0 < c < d)$$
で囲まれる面積を求めよ.

解 この領域を D, 面積を S とすると,
$$S = \iint_D dx\,dy.$$
そこで,
$$\frac{x^2}{y} = u, \frac{y^2}{x} = v \tag{7.17}$$
とおいて, 変数を u, v に変えると, D は
$$a \leqq u \leqq b, c \leqq v \leqq d$$
なる長方形 K に変わる. (7.17) から,
$$x = u^{\frac{2}{3}} v^{\frac{1}{3}}, y = u^{\frac{1}{3}} v^{\frac{2}{3}}.$$
ゆえに, $J = \begin{vmatrix} x_u & x_v \\ y_u & y_v \end{vmatrix} = \begin{vmatrix} \dfrac{2}{3} u^{-\frac{1}{3}} v^{\frac{1}{3}} & \dfrac{1}{3} u^{\frac{2}{3}} v^{-\frac{2}{3}} \\ \dfrac{1}{3} u^{-\frac{2}{3}} v^{\frac{2}{3}} & \dfrac{2}{3} u^{\frac{1}{3}} v^{-\frac{1}{3}} \end{vmatrix} = \dfrac{1}{3}.$

したがって, $S = \iint_K \dfrac{1}{3} du\,dv = \dfrac{1}{3}(b-a)(d-c).$

7.4.2 体積

体積の計算法については，重積分の定義から明らかなように，

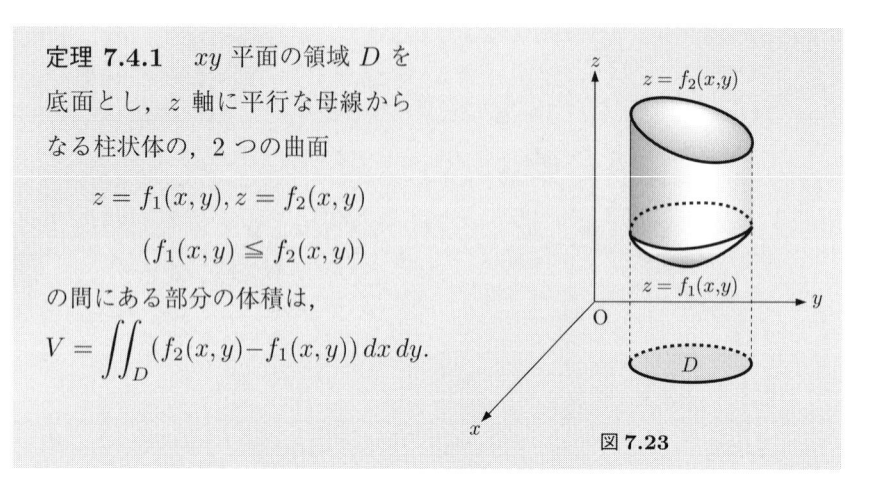

定理 7.4.1 xy 平面の領域 D を底面とし，z 軸に平行な母線からなる柱状体の，2 つの曲面
$$z = f_1(x,y), z = f_2(x,y)$$
$$(f_1(x,y) \leqq f_2(x,y))$$
の間にある部分の体積は，
$$V = \iint_D (f_2(x,y) - f_1(x,y))\, dx\, dy.$$

図 7.23

例題 7.4.2 2 つの曲面 $z = x^2 + y^2, z = x$ で囲まれた部分の体積を求めよ．

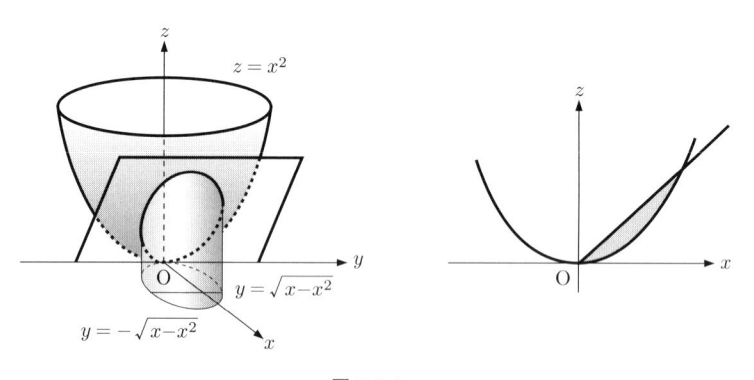

図 7.24

解 この 2 つの曲面の交線の上の点 (x, y, z) は $z = x^2 + y^2, z = x$ の両方をみたすから，その xy 平面上への正射影 $(x, y, 0)$ は，この 2 式から z を消去した式 $x^2 + y^2 = x$ をみたしている．これは円である．したがって，求める

体積は
$$V = \iint_{x^2+y^2 \leq x} (x - (x^2 + y^2))\, dx\, dy$$
$$= \int_0^1 dx \int_{-\sqrt{x-x^2}}^{\sqrt{x-x^2}} (x - x^2 - y^2)\, dy$$
$$= \int_0^1 \left[(x-x^2)y - \frac{1}{3}y^3\right]_{y=-\sqrt{x-x^2}}^{y=\sqrt{x-x^2}} dx$$
$$= \int_0^1 \frac{4}{3}(x-x^2)^{\frac{3}{2}}\, dx$$
$$= \frac{4}{3}\int_0^1 \left[\frac{1}{4} - \left(x - \frac{1}{2}\right)^2\right]^{\frac{3}{2}} dx$$

$x - \dfrac{1}{2} = \dfrac{1}{2}\sin\theta \ \left(-\dfrac{\pi}{2} \leq \theta \leq \dfrac{\pi}{2}\right)$ とおけば，

$$V = \frac{4}{3}\int_{-\frac{\pi}{2}}^{\frac{\pi}{2}} \frac{1}{8}\cos^3\theta \cdot \frac{1}{2}\cos\theta\, d\theta$$
$$= \frac{1}{12}\int_{-\frac{\pi}{2}}^{\frac{\pi}{2}} \cos^4\theta\, d\theta$$
$$= \frac{1}{6}\int_0^{\frac{\pi}{2}} \cos^4\theta\, d\theta = \frac{1}{6}\cdot\frac{3}{4}\cdot\frac{1}{2}\cdot\frac{\pi}{2}.$$

ゆえに，
$$V = \frac{\pi}{32}.$$

注意 一般に，2 つの曲面 $f(x,y,z) = 0$, $g(x,y,z) = 0$ があるとき，その交線を xy 平面へ正射影してできる曲線の方程式は，この 2 つの式から z を消去したものである．それは，この 2 つの方程式をみたす x, y, z について，x と y の間の関係を表しているからである．

例題 7.4.3 直円柱面 $x^2 + y^2 = ax$ と球面 $x^2 + y^2 + z^2 = a^2$ の両方の中にある部分の体積を求めよ．

解 これを V とすれば，$x^2 + y^2 + z^2 = a^2$ から $z = \pm\sqrt{a^2 - x^2 - y^2}$ と

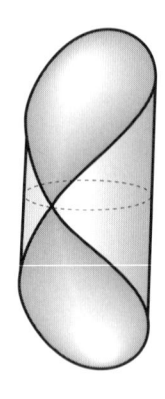

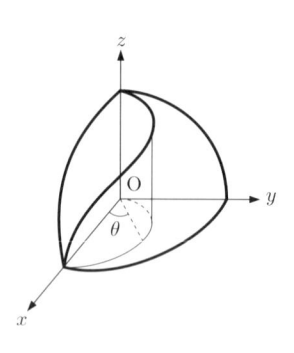

図 7.25

なるから，
$$V = 2\iint_{x^2+y^2 \leqq ax} \sqrt{a^2 - x^2 - y^2}\, dx\, dy.$$
極座標 r, θ に直せば，$x^2 + y^2 \leqq ax$ は $r \leqq a\cos\theta$ となり，
$$\begin{aligned}
V &= 2\iint_{r \leqq a\cos\theta} \sqrt{a^2 - r^2}\, r\, dr\, d\theta \\
&= 4\int_0^{\frac{\pi}{2}} d\theta \int_0^{a\cos\theta} \sqrt{a^2 - r^2}\, r\, dr \\
&= 4\int_0^{\frac{\pi}{2}} \left[-\frac{1}{3}(a^2 - r^2)^{\frac{3}{2}}\right]_{r=0}^{r=a\cos\theta} d\theta \\
&= \frac{4}{3}a^3 \int_0^{\frac{\pi}{2}} (1 - \sin^3\theta)\, d\theta \\
&= \frac{4}{3}a^3 \left(\frac{\pi}{2} - \frac{2}{3}\right).
\end{aligned}$$
ゆえに，$V = \dfrac{2}{3}a^3 \left(\pi - \dfrac{4}{3}\right)$.

問 7.5 次の立体の体積を求めよ．ただし，$a > 0$ とする．
(1) $2z \leqq x^2 + y^2 \leqq a^2,\ 0 \leqq z$.   (2) $x^2 + y^2 \leqq a^2,\ x^2 + z^2 \leqq a^2$.

7.4.3 曲面積

まず，空間に平面図形 K があって，その面積を S，その xy 平面上への正射影の面積を S' とし，K の平面と xy 平面とのなす角を γ とすれば，
$$S' = S\cos\gamma \tag{7.18}$$
である．このことは，K が xy 平面に平行な辺をもつ長方形であるときは，明らかである．K がもっと一般の図形のときは，K を xy 平面に平行な辺をもつ長方形に細分し，K をこのような長方形の集まりとみれば，各長方形について (7.18) の成り立つことから，K についても (7.18) の成り立つことがわかる．

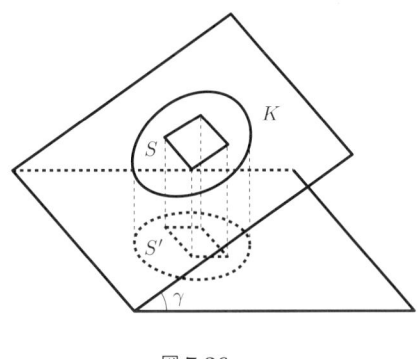

図 7.26

そこで，曲面
$$z = f(x, y) \tag{7.19}$$
の，xy 平面の領域 D の真上にある部分の面積 S を求めることを考えよう．D を x 軸，y 軸に平行な直線で小さな長方形に細分し，その任意の 1 つ σ' の面積を ω，σ' 内の任意の点を (ξ, η) とする．曲面 (7.19) 上の点 $(\xi, \eta, f(\xi, \eta))$ でこの曲面の接平面を作り，σ' を底面とする直方体の中にある部分（平行四辺形）を σ とする．σ' は σ の正射影になっているわけである．σ の面積を ΔS とすれば (7.18) により
$$\Delta S = \frac{\omega}{\cos\gamma}.$$
ここに，γ は $(\xi, \eta, f(\xi, \eta))$ での (7.19) の接平面と xy 平面のなす角，したがって，その点での法線と z 軸のなす角である．p.70 の定理 4.7.3 によれば，この法線の方向比は，(7.19) が
$$-f(x, y) + z = 0$$

と書けることから，$(-f_x, -f_y, 1)$ で，したがって方向余弦は，

$$\left(\frac{-f_x}{\sqrt{f_x{}^2 + f_y{}^2 + 1}}, \frac{-f_y}{\sqrt{f_x{}^2 + f_y{}^2 + 1}}, \frac{1}{\sqrt{f_x{}^2 + f_y{}^2 + 1}} \right).$$

ゆえに $\cos\gamma = \dfrac{1}{\sqrt{f_x{}^2 + f_y{}^2 + 1}}$ となり，$\Delta S = \sqrt{f_x{}^2 + f_y{}^2 + 1}\,\omega$．求める (7.19) の面積 S は，このような ΔS の和 $\sum \Delta S$ を作り，D を限りなく細分していったときの極限と考えられる．また，この極限は

$$\iint_D \sqrt{f_x{}^2 + f_y{}^2 + 1}\,dx\,dy$$

であるから，結局，次の定理が得られる．

定理 7.4.2 D を xy 平面上の領域とし，これを底面として z 軸に平行な母線をもつ柱状体を，曲面 $z = f(x, y)$ で切るとき，その切り口の曲面積は

$$S = \iint_D \sqrt{\left(\frac{\partial f}{\partial x}\right)^2 + \left(\frac{\partial f}{\partial y}\right)^2 + 1}\,dx\,dy$$

注意 特に，曲面 $z = f(x, y)$ が，xz 平面上の曲線 $z = \varphi(x)$ を z 軸のまわりにまわしてできる曲面のときは，その曲面積 S が p.137 の定理 6.10.5 で述べたものと一致することを $\dfrac{dz}{dx} > 0$ の場合について示しておこう．

図 **7.27**

この方程式は，

$$z = \varphi(r) = \varphi(\sqrt{x^2 + y^2})$$

であることから，

$$\left(\frac{\partial z}{\partial x}\right)^2 + \left(\frac{\partial z}{\partial y}\right)^2 = \varphi'(r)^2$$

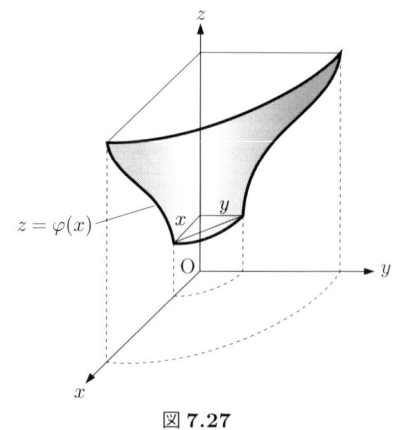

となり，

$$S = \iint \sqrt{\varphi'(r)^2 + 1}\,dx\,dy = \iint \sqrt{\left(\frac{dz}{dr}\right)^2 + 1}\,r\,dr\,d\theta.$$

ところが,
$$\int \sqrt{\left(\frac{dz}{dr}\right)^2+1}\, r\, dr = \int \sqrt{\left(\frac{dr}{dz}\right)^{-2}+1}\, r\, \frac{dr}{dz}\, dz = \int r\sqrt{1+\left(\frac{dr}{dz}\right)^2}\, dz.$$
だから
$$S = \int_0^{2\pi} d\theta \int r\sqrt{1+\left(\frac{dr}{dz}\right)^2}\, dz = \int 2\pi r\sqrt{1+\left(\frac{dr}{dz}\right)^2}\, dz.$$

球面 $x^2+y^2+z^2 = a^2$ については,
$z = \pm\sqrt{a^2-x^2-y^2}$ だから,これを
$f(x,y)$ として,

$$f_x{}^2 + f_y{}^2 + 1 = \left(\frac{-x}{\sqrt{a^2-x^2-y^2}}\right)^2$$
$$+ \left(\frac{-y}{\sqrt{a^2-x^2-y^2}}\right)^2 + 1$$
$$= \frac{a^2}{a^2-x^2-y^2} = \frac{a^2}{z^2}.$$

となる.ゆえに定理 7.4.2 は次のようになる.

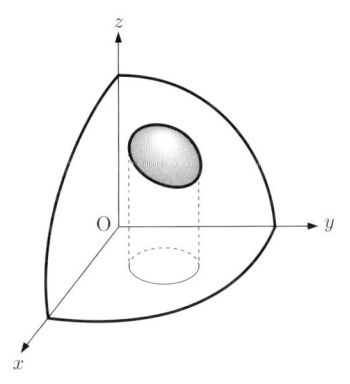

図 7.28

定理 7.4.3 半球面 $x^2+y^2+z^2=a^2$ $(z>0)$ の上の xy 平面上の領域 D に対応する部分の面積は,
$$S = \iint_D \frac{a}{z}\, dx\, dy.$$

例題 7.4.4 球面 $x^2+y^2+z^2=a^2$ から円柱面 $x^2+y^2=ax$ が切りとる部分の面積を求めよ.

解 これを S とすると,これは xy 平面について対称な図形からなるものである.そして,
$$\frac{S}{2} = \iint \frac{a}{z}\, dx\, dy = \iint \frac{a}{\sqrt{a^2-x^2-y^2}}\, dx\, dy.$$

これを極座標に直せば，

$$S = 4\int_0^{\frac{\pi}{2}} d\theta \int_0^{a\cos\theta} \frac{a}{\sqrt{a^2-r^2}} \, r\,dr$$

$$= 4a \int_0^{\frac{\pi}{2}} \left[-\sqrt{a^2-r^2}\right]_0^{a\cos\theta} d\theta$$

$$= 4a \int_0^{\frac{\pi}{2}} a(1-\sin\theta)\, d\theta$$

$$= 4a^2 [\theta + \cos\theta]_0^{\frac{\pi}{2}} = 4a^2 \left(\frac{\pi}{2} - 1\right).$$

図 7.29

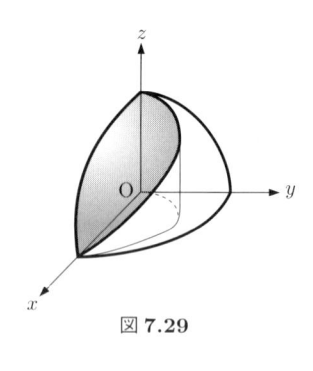

定理 7.4.4 球面座標 (a, θ, φ) によれば，定理 7.4.3 の球面積は，
$$S = \iint a^2 \sin\theta\, d\theta\, d\varphi$$

証明 $x = a\sin\theta\cos\varphi,\ y = a\sin\theta\sin\varphi$ だから，

$$\frac{\partial(x,y)}{\partial(\theta,\varphi)} = \begin{vmatrix} a\cos\theta\cos\varphi & -a\sin\theta\sin\varphi \\ a\cos\theta\sin\varphi & a\sin\theta\cos\varphi \end{vmatrix} = a^2 \sin\theta\cos\theta.$$

また，$z = a\cos\theta$ だから定理によって，

$$S = \iint_D \frac{a}{z}\, dx\, dy = \iint \frac{a}{a\cos\theta} a^2 \sin\theta\cos\theta\, d\theta\, d\varphi = \iint a^2 \sin\theta\, d\theta\, d\varphi.$$

例題 7.4.5 地球を球とみて，北半球で経度が $0°$ から $90°$ までの部分を考える．この中で，緯度の方が経度より大きい部分は，面積でいうと，約何パーセントか．

解 半径を a，北極を $(0,0,a)$ とし，球面座標に直して考えると，求める面積は，

$$S = \iint a^2 \sin\theta\, d\theta\, d\varphi = a^2 \int_0^{\frac{\pi}{2}} \left(\int_0^{\frac{\pi}{2}-\varphi} \sin\theta\, d\theta\right) d\varphi$$

$$= a^2 \int_0^{\frac{\pi}{2}} [-\cos\theta]_{\theta=0}^{\theta=\frac{\pi}{2}-\varphi} d\varphi = a^2 \int_0^{\frac{\pi}{2}} (1-\sin\varphi)\, d\varphi = a^2[\varphi + \cos\varphi]_0^{\frac{\pi}{2}}$$

$$= a^2 \left(\frac{\pi}{2} - 1\right).$$

図 7.30 図 7.31

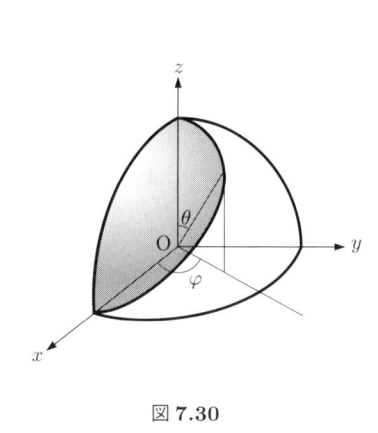

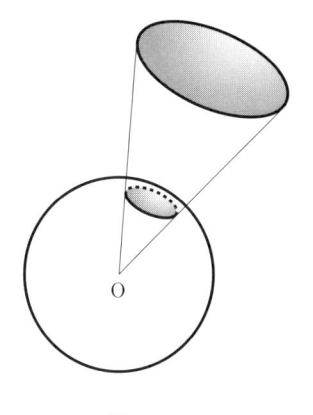

したがって，求めるパーセンテイジは，
$$\frac{S}{\frac{1}{2}\pi a^2} \times 100 = \left(1 - \frac{2}{\pi}\right) \times 100 \fallingdotseq 36.$$

一般に，空間にある図形の各点へ 1 点 O から引いてできる直線の作る錘面を，O を中心とする半径 1 の球面で切ったとき，そこにできる球面の部分の面積を O からこの図形をみた立体角という．O のまわりの全立体角は 4π である．

問 7.6 曲線 $C : x = f(t), z = g(t), y = 0$ $(a \leqq t \leqq b)$ を z 軸のまわりに回転して得られる回転体の面積 S は，次で与えられることを示せ．
$$S = 2\pi \int_a^b |f(t)|\sqrt{f'(t)^2 + g'(t)^2}\, dt.$$

問 7.7 曲面 $z = xy$ の，$x^2 + y^2 \leqq a^2$ $(a > 0)$ の内部にある部分の面積を求めよ．

7.5　1 次微分式と積分

一般に，$\omega = P(x,y)dx + Q(x,y)dy$ のような式を変数 x, y の 1 次微分式という．$z = f(x, y)$ の全微分
$$dz = \frac{\partial z}{\partial x}dx + \frac{\partial z}{\partial y}dy$$
は 1 次微分式であるが，逆に，1 次微分式は必ずしも全微分式ではない．これについては，次のことが成り立つ．

定理 7.5.1 $P(x,y), Q(x,y)$ が C^1 級の関数のとき,
$$\omega = P(x,y)\,dx + Q(x,y)\,dy \tag{7.20}$$
が C^2 級の関数の全微分式であるための必要十分条件は
$$\frac{\partial P}{\partial y} = \frac{\partial Q}{\partial x}. \tag{7.21}$$

証明 まず, $\omega = dz$ とすれば,
$$P = \frac{\partial z}{\partial x}, \quad Q = \frac{\partial z}{\partial y},$$
$$\frac{\partial P}{\partial y} = \frac{\partial^2 z}{\partial y\,\partial x}, \quad \frac{\partial Q}{\partial x} = \frac{\partial^2 z}{\partial x\,\partial y}.$$

z が C^2 級の関数だから, $\dfrac{\partial^2 z}{\partial y\,\partial x} = \dfrac{\partial^2 z}{\partial x\,\partial y}$ となって, $\dfrac{\partial P}{\partial y} = \dfrac{\partial Q}{\partial x}$. 逆に, この関係 (7.21) が成り立つとする. まず, $\varphi = \displaystyle\int P(x,y)\,dx$ (y は定数とみての積分) とおくと, $\dfrac{\partial \varphi}{\partial x} = P$ となり, $d\varphi = \dfrac{\partial \varphi}{\partial x}dx + \dfrac{\partial \varphi}{\partial y}dy = P\,dx + \dfrac{\partial \varphi}{\partial y}dy$. ゆえに,
$$P\,dx + Q\,dy - d\varphi = \left(Q - \frac{\partial \varphi}{\partial y}\right) dy. \tag{7.22}$$

そこで, $Q - \dfrac{\partial \varphi}{\partial y}$ が y だけの関数であることを示そう.
$$\frac{\partial}{\partial x}\left(Q - \frac{\partial \varphi}{\partial y}\right) = \frac{\partial Q}{\partial x} - \frac{\partial}{\partial x}\frac{\partial}{\partial y}\int P\,dx.$$
右辺の第 2 項で微積分の順序を変えてよいこと (証明は省略) を使えば,
$$\frac{\partial}{\partial x}\frac{\partial}{\partial y}\int P\,dx = \frac{\partial}{\partial x}\int \frac{\partial P}{\partial y}\,dx = \frac{\partial P}{\partial y},$$
$$\frac{\partial}{\partial x}\left(Q - \frac{\partial \varphi}{\partial y}\right) = \frac{\partial Q}{\partial x} - \frac{\partial P}{\partial y} = 0.$$

したがって, $Q - \dfrac{\partial \varphi}{\partial y}$ は x を含まないで y だけの関数である. そこで, $\displaystyle\int \left(Q - \frac{\partial \varphi}{\partial y}\right) dy = \psi$ とおくと, $\left(Q - \dfrac{\partial \varphi}{\partial y}\right) dy = d\psi$. (7.22) によって, $P\,dx + Q\,dy = d\varphi + d\psi = d(\varphi + \psi)$. $\varphi + \psi = z$ とおけば, $P\,dx + Q\,dy = dz$. ∎

例 7.5.1 $\omega = y\,dx - x\,dy$ は全微分式ではない．このときは，$P = y$, $Q = -x$ だから $\dfrac{\partial P}{\partial y} = 1$, $\dfrac{\partial Q}{\partial x} = -1$ となり，この 2 つは等しくないからである．

例 7.5.2 $\omega = y\,dx + x\,dy$ では，$P = y$, $Q = x$ で，$\dfrac{\partial P}{\partial y} = \dfrac{\partial Q}{\partial x}$ となって，ω は全微分式である．実際，$z = xy$ とおくと，$\omega = dz$.

問 7.8 次の ω が全微分式であることを示し，全微分式を与える関数を求めよ．
$$\omega = \left(ye^{xy} + \frac{1}{x}\right)dx + (xe^{xy})\,dy.$$

7.5.1 線積分

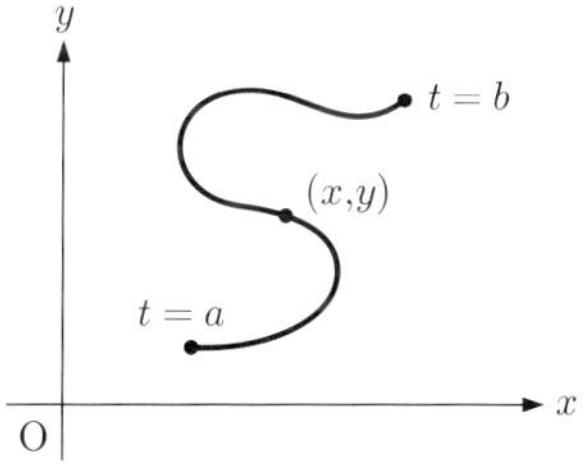

1 次微分式 $\omega = P(x,y)\,dx + Q(x,y)\,dy$ と，曲線 $c : x = f(t),\ y = g(t)\quad (a \leq t \leq b)$ があるとき，$\displaystyle\int_c \omega$ を次の式で定義する．

$$\int_c \omega = \int_c (P\,dx + Q\,dy)$$
$$= \int_a^b \left(P(f(t), g(t))\frac{dx}{dt} + Q(f(t), g(t))\frac{dy}{dt}\right)dt.$$

図 7.32

このとき，曲線 c で，t の代わりに $t = \varphi(u)$ とおいて，x, y を u の関数とみると，$a = \varphi(\alpha),\ b = \varphi(\beta)$ とするとき，

$$\int_c \omega = \int_a^b \left(P\frac{dx}{dt} + Q\frac{dy}{dt}\right)dt = \int_\alpha^\beta \left(P\frac{dx}{dt} + Q\frac{dy}{dt}\right)\frac{dt}{du}du$$
$$= \int_\alpha^\beta \left(P\frac{dx}{du} + Q\frac{dy}{du}\right)du.$$

これは，曲線 c を媒介変数 t で表しても，媒介変数 u で表しても，$\displaystyle\int_c \omega$ は同じであることを示している．$\displaystyle\int_c \omega$ を **線積分** という．

また、c が閉じた線、すなわち $t=a$, $t=b$ に対する点 (x,y) が同一の点のとき、$\int_c \omega$ を $\oint \omega$ とも書く．

定理 7.5.2 $P = P(x,y)$, $Q = Q(x,y)$ が領域 D（境界も入れる）で C^1 級の関数のとき、
$$\iint_D \left(\frac{\partial Q}{\partial x} - \frac{\partial P}{\partial y} \right) dx\,dy = \int_c (P\,dx + Q\,dy).$$
ここに、c は D の周囲で、向きは図のように内部を左手にみるまわり向きとする（これを正のまわり向きという）．

証明 D が図 7.33 のような簡単な場合について示そう．まず、D が
$$y = \varphi_2(x),\, y = \varphi_1(x) \quad (a \leq x \leq b)$$
で囲まれているとみると、
$$\iint_D \left(-\frac{\partial P}{\partial y} \right) dx\,dy = \int_a^b [-P(x,y)]_{y=\varphi_1(x)}^{y=\varphi_2(x)} dx$$
$$= \int_a^b -P(x,\varphi_2(x))dx + \int_a^b P(x,\varphi_1(x))dx$$
$$= \int_c P(x,y)dx. \tag{7.23}$$
また、D が $x = \psi_2(y)$, $x = \psi_1(y)$ $(c \leq y \leq d)$

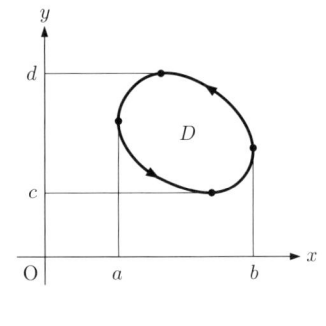

図 7.33

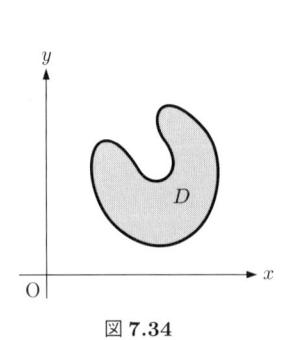

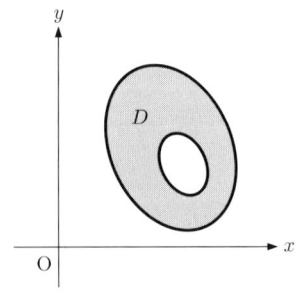

図 7.34

図 7.35

で囲まれているとすると，

$$\iint_D \frac{\partial Q}{\partial x}\,dx\,dy = \int_c^d [Q(x,y)]_{x=\psi_1(y)}^{x=\psi_2(y)}\,dy \qquad (7.24)$$

$$= \int_c^d Q(\psi_2(y),y)\,dy - \int_c^d Q(\psi_1(y),y)\,dy = \int_c Q(x,y)\,dy.$$

(7.23), (7.24) によって，

$$\iint_D \left(\frac{\partial Q}{\partial x} - \frac{\partial P}{\partial y}\right) dx\,dy = \int_c (P\,dx + Q\,dy).$$

なお，D がもう少し複雑な形をしていても定理 7.5.2 は成り立つ．たとえば，D が図 7.34，図 7.35 の網かけ部分に示すような場合でもよい．

例 7.5.3 曲線 c が図 7.34, 図 7.35 のように領域 D を1周するとき，$\oint (x\,dy - y\,dx)$ は D の面積の 2 倍を表す．それは，定理 7.5.2 において，$P = -y, Q = x$ だから，$\dfrac{\partial Q}{\partial x} - \dfrac{\partial P}{\partial y} = 2$ となり，

$$\oint (x\,dy - y\,dx) = \iint_D 2\,dx\,dy = 2\iint_D dx\,dy.$$

定理 7.5.2 によって，領域 D で P, Q が

$$\frac{\partial Q}{\partial x} = \frac{\partial P}{\partial y} \qquad (7.25)$$

をみたせば，

$$\oint (P\,dx + Q\,dy) = 0 \qquad (7.26)$$

であることがわかる．しかし，D 内に P, Q や $\dfrac{\partial Q}{\partial x}, \dfrac{\partial P}{\partial y}$ の値の考えられないところが1点でもあれば，それ以外のすべての点で (7.25) が成り立っても，(7.26) は成り立つとは限らない．たとえば，

$$\omega = \frac{x\,dy - y\,dx}{x^2 + y^2}.$$

すなわち $P = -\dfrac{y}{x^2+y^2}, Q = \dfrac{x}{x^2+y^2}$ のときは，(7.25) は成り立つが (7.26) は必ずしも成り立たない．実際，(7.26) で $x = r\cos\theta, y = r\sin\theta$ とおくと，

$$\omega = d\theta$$

となって，閉曲線 c が原点を正の向きに 1 周するときは，$\oint \omega = \oint d\theta = 2\pi$ また，原点が c の外にあるときは $\oint \omega = 0$ となる．また，この ω は $\omega = d\left(\tan^{-1}\dfrac{y}{x}\right)$ となるが，この $\tan^{-1}\dfrac{y}{x}$ は $x > 0$ または $x < 0$ のところで定義されているだけで，ω の考えられない点 $(0, 0)$ を除いたところ全体で定義された z で $\omega = dz$ となるものは存在しないのである．実は，定理 7.5.2 もこのような局所的な意味で成り立つのである．

問 7.9 点 $\mathrm{O}(0, 0), \mathrm{A}\left(\dfrac{\pi}{2}, 0\right), \mathrm{B}\left(\dfrac{\pi}{2}, 1\right)$ とし，三角形 OAB の周に時計と反対回りの向きを入れた閉曲線を c としたとき，次の線積分を求めよ．

$$\int_{c} (y - \sin x)\, dx + \cos x\, dy.$$

7.5.2 外積と外微分

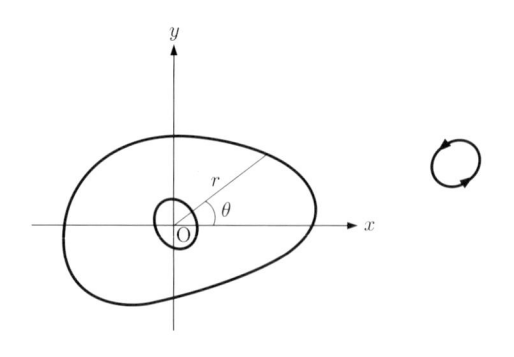

図 7.36

1 次微分式を扱うときは，変数の微分 dx, dy について，
$$dx \wedge dx = 0,\ dy \wedge dy = 0,\ dx \wedge dy = -dy \wedge dx$$
という計算法に従う外積算法が有用である．この場合，この法則以外は普通の計算法則に従うものとする．これによると，
$$\omega_1 = p\, dx + q\, dy, \quad \omega_2 = r\, dx + s\, dy$$

について，
$$\omega_1 \wedge \omega_2 = (p\,dx + q\,dy) \wedge (r\,dx + s\,dy)$$
$$= pr\,dx \wedge dx + qr\,dy \wedge dx + ps\,dx \wedge dy + qs\,dy \wedge dy$$
$$= (ps - qr)\,dx \wedge dy$$

となる．したがって，また，$u = u(x,y)$, $v = v(x,y)$ のとき，
$$du \wedge dv = \left(\frac{\partial u}{\partial x}dx + \frac{\partial u}{\partial y}dy\right) \wedge \left(\frac{\partial v}{\partial x}dx + \frac{\partial v}{\partial y}dy\right) = \frac{\partial(u,v)}{\partial(x,y)}dx \wedge dy$$

となる．これは，重積分での変数の変換に利用される．

また，$\omega = a\,dx + b\,dy$ $(a = a(x,y), b = b(x,y))$ について，その外微分 $d\omega$ を，
$$d\omega = da \wedge dx + db \wedge dy$$

によって定義すると，これは次のように計算される．
$$d\omega = \left(\frac{\partial a}{\partial x}dx + \frac{\partial a}{\partial y}dy\right) \wedge dx + \left(\frac{\partial b}{\partial x}dx + \frac{\partial b}{\partial y}dy\right) \wedge dy$$
$$= \left(\frac{\partial b}{\partial x} - \frac{\partial a}{\partial y}\right)dx \wedge dy.$$

重積分での $dx\,dy$ を $dx \wedge dy$ とみることにすると，定理 7.5.2 はこの記号で
$$\iint_D d\omega = \int_c \omega$$

と簡便に書ける．さらに D の周 c を ∂D と書くことにすると，いっそう印象的である．この外積や外微分の算法は，今日広く使われている便利なものである．

問 7.10 次の ω に対し，外微分 $d\omega$ を計算せよ．
$$\omega = e^{xy}\,dx + \log x\,dy.$$

第 7 章 演習問題

1. 次の各積分の順序を変更せよ．

    (1) $\displaystyle\int_{-a}^{0} dx \int_{-x-a}^{x+a} f(x,y)\,dy + \int_{0}^{a} dx \int_{x-a}^{-x+a} f(x,y)\,dy$ $(a > 0)$.

(2) $\displaystyle\int_0^1 dx \int_{-(x-1)^2}^{(x-1)^2} f(x,y)\,dy$.

2. 次の重積分を計算せよ．
(1) $\displaystyle\iint_S f'(x^2+y^2)\,dx\,dy \quad S=\{(x,y)|x^2+y^2\leqq a^2\} \quad (a>0)$.
(2) $\displaystyle\iint_{0\leqq x,y\leqq 1} (x+y)^3 dx\,dy$.
(3) $\displaystyle\iiint_{0\leqq z\leqq a^2-x^2-y^2} z(2x^2-y^2)\,dx\,dy\,dz \quad (a>0)$.

3. 次の等式を証明せよ．
$$\iint_{\frac{x^2}{a^2}+\frac{y^2}{b^2}\leqq 1} f(x,y)\,dx\,dy = ab\iint_{x^2+y^2\leqq 1} f(ax,by)\,dx\,dy \quad (a,b>0).$$

4. 次の曲面積を求めよ．
(1) $x^2+y^2+z^2=a^2 \quad (a>0)$ の内部にある曲面 $x^2+y^2=ax$.
(2) $x^2+y^2=a^2 \quad (a>0)$ の内部にある曲面 $z=\tan^{-1}\dfrac{y}{x}$.
(3) $x^2+z^2=a^2 \quad (a>0)$ の $x^2+y^2\leqq a^2$ にある部分．

5. 次の図形の体積を求めよ．
(1) 2 つの曲面 $z=xy, (x-2)^2+(y-1)^2=1$ と平面 $z=0$ で囲まれた部分．
(2) 2 つの曲面 $2z=\dfrac{x^2}{a^2}+\dfrac{y^2}{b^2} \quad (a,b>0), x^2+y^2=1$ と平面 $z=0$ で囲まれた部分．
(3) $\dfrac{x^2}{a^2}+\dfrac{y^2}{b^2}+\dfrac{z^2}{c^2}\leqq 1 \quad (a,b,c>0)$.
(4) $x^2+y^2\leqq a^2, x^2+z^2\leqq a^2 \quad (a>0)$.
(5) $x^2+y^2+z^2\leqq a^2, x^2+y^2\leqq ax \quad (a>0)$.

8 無限級数

8.1 無限級数の収束

無限数列 $a_1, a_2, a_3, \cdots$ を + の記号でつなげたもの

$$\sum_{n=1}^{\infty} a_n = a_1 + a_2 + a_3 + \cdots + a_n + \cdots \tag{8.1}$$

が**無限級数**である．(8.1) から

$$s_1 = a_1, s_2 = a_1 + a_2, s_3 = a_1 + a_2 + a_3, \cdots,$$
$$s_n = a_1 + a_2 + \cdots + a_n, \cdots$$

のように部分和を作り，数列 $\{s_n\}$ を考えるとき，その収束，発散（特に振動）に応じて，無限級数 $\sum_{n=1}^{\infty} a_n$ はそれぞれ収束，発散（特に振動）するという．収束するときは s_n の極限値 S を，この無限級数の和といい，

$$S = \sum_{n=1}^{\infty} a_n = a_1 + a_2 + a_3 + \cdots + a_n + \cdots$$

とも書く．級数の収束の必要条件としては，

定理 8.1.1 $\sum_{n=1}^{\infty} a_n$ が収束するときは，$\lim_{n \to \infty} a_n = 0$.

証明 $s_n = \sum_{k=1}^{n} a_k$ とおくと，$a_n = s_n - s_{n-1}$.
$n \to \infty$ のとき，$s_n \to S, s_{n-1} \to S$ だから，$a_n \to S - S = 0$. ∎

注意　逆は正しくない．すなわち，$a_n \to 0$ でも，$\displaystyle\sum_{n=1}^{\infty} a_n$ が発散することがある．

8.1.1　正項級数

正項級数（各項が正の級数）については，収束性の取り扱いが簡単で，次の諸定理が成り立つ．

定理 8.1.2　$a_1, a_2, a_3, \cdots$ がすべて正または 0 で，すべての n について $s_n = \displaystyle\sum_{k=1}^{n} a_k < M$ となる定数 M があれば，$\displaystyle\sum_{n=1}^{\infty} a_n$ は収束する．

証明　このとき，$s_1 \leqq s_2 \leqq s_3 \leqq \cdots$ となって $\{s_n\}$ は増加数列，しかも上に有界だから s_n は収束する．ゆえに，$\sum a_n$ は収束する．

定理 8.1.3　$\displaystyle\sum_{a=1}^{\infty} \frac{1}{n^p} = \frac{1}{1^p} + \frac{1}{2^p} + \frac{1}{3^p} + \cdots + \frac{1}{n^p} + \cdots$ は $p > 1$ のとき収束し，$p \leqq 1$ のとき発散する．

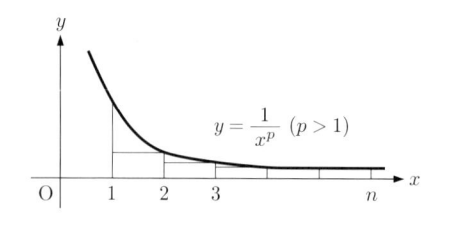

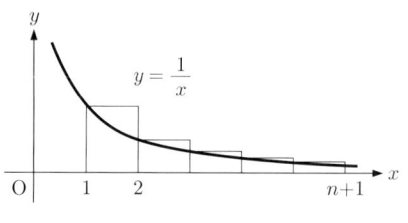

図 8.1

図 8.2

証明　$\displaystyle\int \frac{dx}{x^p}$ を考えると，$k-1 < x < k$ で $\dfrac{1}{k^p} < \dfrac{1}{x^p}$ だから $\dfrac{1}{k^p} < \displaystyle\int_{k-1}^{k} \frac{dx}{x^p}$ となり，これを $k = 2, 3, \cdots, n$ として加えると，

$$s_n = \frac{1}{1^p} + \frac{1}{2^p} + \frac{1}{3^p} + \cdots + \frac{1}{n^p} < 1 + \int_1^n \frac{dx}{x^p}.$$

$p > 1$ のとき, $\int_1^n \dfrac{dx}{x^p} < \int_1^\infty \dfrac{dx}{x^p} = \left[-\dfrac{1}{(p-1)x^{p-1}}\right]_1^\infty = \dfrac{1}{p-1}$.

だから, $s_n < 1 + \dfrac{1}{p-1}$ となり, $\sum_{n=1}^\infty \dfrac{1}{n^p}$ は収束する.

$p = 1$ のときは, $k < x < k+1$ では, $\dfrac{1}{k} > \dfrac{1}{x}$ であることから,

$$\int_k^{k+1} \dfrac{1}{k}\,dx > \int_k^{k+1} \dfrac{dx}{x}.$$

$k = 1, \cdots, n$ とおいて加えて,

$$1 + \dfrac{1}{2} + \cdots + \dfrac{1}{n} > \int_1^{n+1} \dfrac{dx}{x} = \log(n+1).$$

$\lim_{n\to\infty} \log(n+1) = \infty$ だから $\sum_{n=1}^\infty \dfrac{1}{n}$ は発散する.

$p < 1$ のとき, $\dfrac{1}{n^p} > \dfrac{1}{n}$ だから $\sum_{n=1}^\infty \dfrac{1}{n^p}$ ももちろん発散する.

問 8.1 $\int \dfrac{dx}{x(\log x)} = \log(\log x)$ を使って, $\sum \dfrac{1}{n\log n}$ は発散することを示せ.

問 8.2 $a_n = 1 + \dfrac{1}{2} + \cdots \dfrac{1}{n} - \log n$ とおく. 数列 $\{a_n\}$ は単調減少かつ収束することを示せ. この極限値をオイラー (Euler) 定数 γ で表す $(\gamma = 0.5772\cdots)$.

2 つの正項級数の収束性を比較する定理として, まず,

定理 8.1.4 正項級数 $\sum a_i, \sum b_n$ において, すべての n について, $b_n < pa_n$ のとき $\sum a_n$ が収束すれば, $\sum b_n$ は収束する.
$b_n > pa_n \ (p > 0)$ のとき, $\sum a_n$ が発散すれば, $\sum b_n$ も発散する.

証明 $\sum a_n$ が収束すれば, すべての n について, $\sum_{k=1}^n a_k < M$ となる M がある. $b_k < pa_k$ ならば, $\sum_{k=1}^n b_k < p\sum_{k=1}^n a_k < pM$ となって, 定理 8.1.2 により $\sum b_n$ も収束する. 発散のときも同様に証明できる.

定理 8.1.5 2つの正項級数 $A = \sum a_n, B = \sum b_n$ において,
$$\lim_{n\to\infty} \frac{b_n}{a_n} = k \neq 0$$
のとき,

$\sum a_n$ が収束すれば, $\sum b_n$ も収束.
$\sum a_n$ が発散すれば, $\sum b_n$ も発散.

証明 任意の $\varepsilon > 0$ に対し, 整数 N を十分大きくとれば, $n > N$ であるすべての n に対し,
$$\left| \frac{b_n}{a_n} - k \right| < \varepsilon. \tag{8.2}$$
だから, $\varepsilon = k$ にとれば, $\frac{b_n}{a_n} < 2k$ となり, $b_n < 2ka_n$.

ゆえに, 定理 8.1.4 によって, $\sum a_n$ が収束すれば, $\sum b_n$ も収束する. また, (8.2) で $\varepsilon = \frac{k}{2}$ にとれば, $\frac{b_n}{a_n} > \frac{k}{2}$ となり, $\sum a_n$ が発散すれば, $\sum b_n$ も発散することがわかる.

例 8.1.1 $\sum \frac{1}{n}$ が発散することから, $\sum \frac{1}{2n-1} = 1 + \frac{1}{3} + \frac{1}{5} + \cdots$ も発散することがわかる. それは, $a_n = \frac{1}{n}, b_n = \frac{1}{2n-1}$ とおくと, $\lim_{n\to\infty} \frac{b_n}{a_n} = \frac{1}{2}$.

定理 8.1.6 正項級数 $\sum a_n$ において, $\lim_{n\to\infty} \frac{a_{n+1}}{a_n} = r$ のとき, $\sum a_n$ は, $r < 1$ ならば 収束, $r > 1$ ならば 発散.

証明 $\varepsilon > 0$ をどうとっても, 整数 N を十分大きくとると, $n > N$ であるすべての n について,
$$\left| \frac{a_{n+1}}{a_n} - r \right| < \varepsilon \quad \text{ゆえに} \quad r - \varepsilon < \frac{a_{n+1}}{a_n} < r + \varepsilon.$$

$r<1$ のとき,$\varepsilon=\dfrac{1-r}{2}$ とすると,$\dfrac{a_{n+1}}{a_n}<r+\dfrac{1-r}{2}=\dfrac{1+r}{2}$.
$\dfrac{1+r}{2}=r'$ とおくと,$r'<1$,また,$a_{n+1}<r'a_n$ $(n=N+1,N+2,\cdots)$.
したがって,$a_{N+\ell}<r'a_{N+\ell-1}<(r')^2 a_{N+\ell-2}<\cdots<(r')^{\ell-1}a_{N+1}$.
すなわち,
$$a_{N+\ell}<(r')^{\ell-1}a_{N+1} \quad (\ell=2,3,\cdots). \tag{8.3}$$
$\sum_{\ell=2}^{\infty}(r')^{\ell-1}$ が収束するから,定理 8.1.4 によって,$\sum a_{N+\ell}$ は収束し,したがって,$\sum a_n$ も収束する.また,$r>1$ のとき,$\varepsilon=\dfrac{r-1}{2}$ とおくと,$\dfrac{a_{n+1}}{a_n}>\dfrac{r+1}{2}>1$ となり,$\sum a_n$ が発散することが証明できる. ∎

注意 この証明の (8.3) からわかるように,$a_1,a_2,\cdots$ が正で,$\lim_{n\to\infty}\dfrac{a_{n+1}}{a_n}=r$ のとき,$r<1$ ならば,$\lim_{n\to\infty}a_n=0$. $r>1$ ならば,$\lim_{n\to\infty}a_n=\infty$.

例 8.1.2 $\sum\dfrac{c^n}{n}$ $(c>0)$ では,$a_n=\dfrac{c^n}{n}$ から $\lim_{n\to\infty}\dfrac{a_{n+1}}{a_n}=\lim_{n\to\infty}\dfrac{n}{n+1}c=c$ となり,$\sum\dfrac{c^n}{n}$ は $c<1$ のとき収束し,$c>1$ のとき発散する.

例 8.1.3 $\sum\dfrac{c^n}{n!}$ $(c>0)$ では,$a_n=\dfrac{c^n}{n!}$ から,$\lim_{n\to\infty}\dfrac{a_{n+1}}{a_n}=\lim_{n\to\infty}\dfrac{c}{n+1}=0$.ゆえに,$\sum\dfrac{c^n}{n!}$ は,$c>0$ がどんな値でも,収束する.

定理 8.1.6 では,$\lim_{n\to\infty}\dfrac{a_{n+1}}{a_n}=1$ のときはわからない.これを明らかにするのが,次の定理である.

定理 8.1.7 正項級数 $\sum a_n$ において,
$$\frac{a_{n+1}}{a_n} = 1 - \frac{p}{n} + O\left(\frac{1}{n^2}\right)$$
のとき,

$p > 1$ ならば, $\sum a_n$ は収束し,

$p \leqq 1$ ならば, $\sum a_n$ は発散する.

証明 $\sum b_n = \sum \dfrac{1}{n^s}$ を考え, $\sum a_n$ をこれと比べる. まず,
$$\frac{b_{n+1}}{b_n} = \frac{1}{(n+1)^s} \bigg/ \frac{1}{n^s} = \left(\frac{n+1}{n}\right)^{-s} = \left(1 + \frac{1}{n}\right)^{-s}$$
によって,
$$\frac{b_{n+1}}{b_n} = 1 - \frac{s}{n} + O\left(\frac{1}{n^2}\right). \tag{8.4}$$
$p > 1$ のときは, $p > s > 1$ となる s をとる. 十分大きい整数 N をとると $n > N$ であるすべての n について,
$$\frac{a_{n+1}}{a_n} < \frac{b_{n+1}}{b_n} \tag{8.5}$$
であることが, 仮定と (8.4) とによってわかる. (8.5) から
$$\frac{a_{N+2}}{a_{N+1}} \cdot \frac{a_{N+3}}{a_{N+2}} \cdot \ldots \cdot \frac{a_{N+\ell}}{a_{N+\ell-1}} < \frac{b_{N+2}}{b_{N+1}} \cdot \frac{b_{N+3}}{b_{N+2}} \cdot \ldots \cdot \frac{b_{N+\ell}}{b_{N+\ell-1}}$$
$$a_{N+\ell} < \frac{a_{N+1}}{b_{N+1}} \cdot b_{N+\ell} \quad (\ell = 1, 2, \cdots).$$
$\sum_{\ell=1}^{\infty} b_{N+\ell} = \sum \dfrac{1}{(N+\ell)^p}$ は $p > 1$ のとき収束するから, 定理 8.1.4 によって, $\sum a_{N+\ell}$ は収束し, $\sum a_n$ が収束する. $p < 1$ のときは, $s = 1$ にとれば, 上と同様に証明できる.

最後に, $p = 1$ のときは, $\sum c_n = \sum \dfrac{1}{n \log n}$ (p.181 の問 8.1 により発散) との比較によって, 次のように証明される.

$$\frac{c_{n+1}}{c_n} = \frac{n \log n}{(n+1) \log(n+1)} = \left(\frac{n+1}{n}\right)^{-1} \left(\frac{\log(n+1) - \log n}{\log n} + 1\right)^{-1}$$

$$= \left(1 + \frac{1}{n}\right)^{-1} \left(1 + \frac{1}{\log n} \log\left(1 + \frac{1}{n}\right)\right)^{-1}$$

$$= \left(1 - \frac{1}{n} + O\left(\frac{1}{n^2}\right)\right) \left(1 + \frac{1}{\log n}\left(\frac{1}{n} + O\left(\frac{1}{n^2}\right)\right)\right)^{-1}$$

$$= 1 - \frac{1}{n} - \frac{1}{n \log n} + O\left(\frac{1}{n^2}\right).$$

ところが,$\frac{a_{n+1}}{a_n} = 1 - \frac{1}{n} + O\left(\frac{1}{n^2}\right)$ ゆえに,N を十分大きくとれば,$n > N$ であるすべての n に対し,$\frac{a_{n+1}}{a_n} > \frac{c_{n+1}}{c_n}$.$\sum c_n = \sum \frac{1}{n \log n}$ の発散から (8.5) の場合と同様に $\sum a_n$ の発散がわかる.

例 8.1.4 $\sum \frac{1 \cdot 3 \cdot 5 \cdots (2n-1)}{2 \cdot 4 \cdot 6 \cdots (2n)}$ は発散する.

それは,$a_{n+1} = \frac{1 \cdot 3 \cdot 5 \cdots (2n-1)}{2 \cdot 4 \cdot 6 \cdots (2n)}$ とおけば,$\frac{a_{n+1}}{a_n} = \frac{2n-1}{2n} = 1 - \frac{1}{2} \cdot \frac{1}{n}$ となるからである.

$\sum \frac{1 \cdot 3 \cdot 5 \cdots (2n-1)}{2 \cdot 4 \cdot 6 \cdots (2n)} \cdot \frac{1}{n}$ は収束する.

それは $a_{n+1} = \frac{1 \cdot 3 \cdot 5 \cdots (2n-1)}{2 \cdot 4 \cdot 6 \cdots (2n)} \frac{1}{n}$ とおくと,$\frac{a_{n+1}}{a_n} = \frac{2n-1}{2n} \cdot \frac{1}{n} / \frac{1}{n-1} = \left(1 - \frac{1}{2n}\right)\left(1 - \frac{1}{n}\right) = 1 - \frac{3}{2}\frac{1}{n} + \frac{1}{2n^2}$ となるからである.

問 8.3 次の級数の収束・発散を調べよ.
(1) $\frac{1}{1 \cdot 2} + \frac{1}{3 \cdot 4} + \cdots + \frac{1}{(2n-1)2n} + \cdots$.
(2) $\frac{1}{2} + \frac{1 \cdot 3}{2 \cdot 5} + \cdots + \frac{1 \cdot 3 \cdots (2n-1)}{2 \cdot 5 \cdots (3n-1)} + \cdots$.
(3) $1 + \frac{2^2}{2!} + \cdots + \frac{n^n}{n!} + \cdots$.

8.2 絶対収束と条件収束

数列 $A = \sum_{n=1}^{\infty} a_n = a_1 + a_2 + a_3 + \cdots + a_n + \cdots$ に正の項，負の項が入り混じっている場合を考えよう．いま，この中から正の項をとって，その順に加えた級数を

$$B = \sum_{i=1}^{\infty} b_i = b_1 + b_2 + b_3 + \cdots.$$

また，負の項の符号を変えてその順に加えたものを

$$C = \sum_{j=1}^{\infty} c_j = c_1 + c_2 + c_3 + \cdots$$

とする．正の項，負の項が有限個しかないときは，B, C は有限級数である．

たとえば，$A = 1 - \dfrac{1}{2} - \dfrac{1}{3} + \dfrac{1}{4} - \dfrac{1}{5} + \dfrac{1}{6} + \dfrac{1}{7} - \cdots$ のときは，$B = 1 + \dfrac{1}{4} + \dfrac{1}{6} + \dfrac{1}{7} + \cdots, C = \dfrac{1}{2} + \dfrac{1}{3} + \dfrac{1}{5} + \cdots$．

そこで，A で第 n 項までの和を A_n とし，その中に B は第 k 項まで，C は第 ℓ 項まで入っているとすると，

$$A_n = B_k - C_\ell = \sum_{i=1}^{k} b_i - \sum_{j=1}^{\ell} c_j.$$

$n \to \infty$ のときの A_n の様子は，2 つの級数 B, C によって決まる．このとき，B, C の収束，発散によって，次のような場合が考えられる．

(i) B, C ともに収束する．

(ii) B は収束し，C は発散する．

(iii) B は発散し，C は収束する．

(iv) B, C ともに発散し，しかも $a_n \to 0$ でない．

(v) B, C ともに発散し，$a_n \to 0$．

(i) の場合 B, C の和を β, γ とすると，$n \to \infty$ のとき $A_n \to \beta - \gamma$．したがって，級数 A は収束し，その和は，

$$\alpha = \sum_{n=1}^{\infty} a_n = \beta - \gamma. \tag{8.6}$$

このとき，A からその各項の絶対値をとってできる級数

$$A' = \sum_{n=1}^{\infty} |a_n| = |a_1| + |a_2| + |a_3| + \cdots + |a_n| + \cdots \quad (8.7)$$

を考えると，その第 n 項までの和は $B_k + C_\ell$ で，その極限は $\beta + \gamma$ である．つまり，A' は収束し，その和は $\beta + \gamma$ である．

(ii) の場合　B の和を β とすれば，C の和が ∞ であることから，(8.6) により A は発散し，その和は $-\infty$，また (8.7) の級数 A' も発散する．

(iii) の場合　C の和を γ とすれば，B の和は ∞ だから，A は発散し，その和は ∞，また，A' も発散する．

(iv) の場合　この場合は，A, A' ともに発散する．

(v) の場合　このときは，A' は発散する．

以上の考察によって，

(i) のときは，A は収束し，その絶対値をとってできる A' も収束する．このとき，A は **絶対収束** するという．

(ii), (iii), (iv) のときは，A, A' ともに発散する．

(v) のときは，A' は発散するが，A はあとから示すように，収束することも，発散することもある．収束するときは，**条件収束** するという．

上に示したように，A' が収束するのは (i) の場合しかない．ゆえに，

定理 8.2.1 $\sum_{n=1}^{\infty} |a_n|$ が収束すれば，$\sum_{n=1}^{\infty} a_n$ は収束する．

すなわち，$\sum a_n$ が収束しても $\sum |a_n|$ は収束とは限らないが，逆は正しい．定理 8.2.1 によると収束する無限等比級数

$$1 + r + r^2 + \cdots + r^n + \cdots \quad (0 < r < 1)$$

に勝手な符号をつけてできる級数

$$1 - r - r^2 + r^3 - r^4 + r^5 + r^6 + r^7 - r^8 + \cdots$$

などは，収束するわけである．

絶対収束の級数は，次の性質をもっている．

定理 8.2.2 絶対収束級数 A で，項の順序を変えてできる級数は，収束し，A と同じ和をもつ．

証明 A の正の項からできる級数を $B = \sum_{i=1}^{\infty} b_i$，負の項の符号を変えてできる級数を $C = \sum_{j=1}^{\infty} c_j$ とすると，それらは収束するから，和を β, γ とする．

いま，A の順序を変えてできる級数を $\sum_{n=1}^{\infty} a_n'$ とすると，その第 n 項までの和 S_n は，

$$S_n = \sum_{i=1}^{k} b_i' - \sum_{j=1}^{\ell} c_j'$$

となる．ここに，$B_k' = \sum_{i=1}^{k} b_i'$ は $\sum b_i$ の項の中から一部分とったもの，$C_\ell' = \sum_{j=1}^{\ell} c_j'$ は $\sum c_j$ の項の中から一部分とったものである．B_k' の中に，$b_1, \cdots, b_r$ がすべて含まれ，B_k' の中の最大の番号のものを b_s とすると，

$$B_r \leqq B_k' \leqq B_s.$$

順序を変えるだけで，結局はすべての項をつくすのだから，$B = \sum_{n=1}^{\infty} b_n$ の和を β とすると，$n \to \infty$ のとき，$r \to \infty, s \to \infty$ だから，

$$\lim_{r \to \infty} B_r = \beta, \quad \lim_{s \to \infty} B_s = \beta \quad \text{で} \quad \lim_{k \to \infty} B_k' = \beta.$$

同様に，$C = \sum_{n=1}^{\infty} c_n$ の和を γ とすると，$\lim_{\ell \to \infty} C_\ell' = \gamma$.

したがって，$\lim_{n \to \infty} S_n = \beta - \gamma$ となり，$\sum_{n=1}^{\infty} a_n'$ の和は $\beta - \gamma$ である． ∎

例 8.2.1 $0 < r < 1$ のとき，
$1 + r + r^2 + r^3 + r^5 + r^4 + r^7 + r^9 + r^{11} + r^6 + r^{13} + r^{15} + r^{17} + r^{19} + \cdots$

($r^2, r^4, r^6, \cdots$ の間に r^3+r^5, $r^7+r^9+r^{11}$, $r^{13}+r^{15}+r^{17}+r^{19}, \cdots$ を入れたもの) は収束し，その和は $\dfrac{1}{1-r}$ である．

8.2.1 条件収束

これは，$A = \sum a_n$ から正項だけで作った級数 $B = \sum b_n$ と負項の符号を変えてできる級数 $C = \sum c_n$ について，B, C ともに発散し，しかも，$b_n \to 0, c_n \to 0$ となっている場合である．このような級数 A は収束することも，発散することもある．次の場合には，収束する．

定理 8.2.3 $a_1 > a_2 > a_3 > \cdots > a_n > \cdots$, $a_1, a_2, a_3, \cdots, a_n, \cdots$ はすべて正，かつ $n \to \infty$ のとき $a_n \to 0$ ならば，
$$\sum_{n=1}^{\infty}(-1)^{n-1}a_n = a_1 - a_2 + a_3 - a_4 + \cdots \text{ は収束する．}$$

証明 一般に，この数列の第 k 項までの和を S_k とすると，
$$S_{2n} = a_1 - a_2 + a_3 - a_4 + \cdots + a_{2n-1} - a_{2n}$$
$$= (a_1 - a_2) + (a_3 - a_4) + \cdots + (a_{2n-1} - a_{2n}).$$
$a_1 - a_2, a_3 - a_4, \cdots, a_{2n-1} - a_{2n}$ はすべて正だから，
$$S_2 < S_4 < S_6 < \cdots.$$
また，
$$S_{2n} = a_1 - (a_2 - a_3) - (a_4 - a_5) - \cdots - (a_{2n-2} - a_{2n-1}) - a_{2n}.$$
だから，
$$S_{2n} < a_1.$$
すなわち，$S_2, S_4, S_6, \cdots$ は増加数列で，しかも上に有界である．したがって，この数列は収束する．その極限値を α とすると，
$$S_{2n+1} = S_{2n} + a_{2n+1}, \quad a_{2n+1} \to 0.$$
だから，S_{2n+1} の極限も α となり，$S_1, S_2, S_3, \cdots$ は α に収束する． ∎

> **例 8.2.2**　$1 - \dfrac{1}{2} + \dfrac{1}{3} - \dfrac{1}{4} + \cdots, \quad 1 - \dfrac{1}{3} + \dfrac{1}{5} - \dfrac{1}{7} + \cdots$
> は収束する．

定理 8.2.4　条件収束級数は，項の順序を変えることによって，任意の値に収束させることも，∞ にも $-\infty$ にも発散させることもできる．

ここでは，任意の値 S に収束させうることを示そう．まず，これまでの記号を使って，$b_1, b_2, \cdots$ を適当な項まで加えることによって，
$$s_k = b_1 + b_2 + \cdots + b_k > S$$
とすることができる．$B = \sum_{i=1}^{\infty} b_i$ は発散するから，このことは，k を十分大きくすれば可能である．次に，$c_1, c_2, c_3, \cdots$ を引いて，S より小さくなるまで進む（これも可能である）．そして，
$$s_{k+\ell} = b_1 + b_2 + \cdots + b_k - c_1 - c_2 - \cdots - c_\ell < S$$
とする．さらに $b_{k+1}, b_{k+2}, \cdots$ を加えて，はじめて S を超えるまで進む．さらに $c_{\ell+1}, c_{\ell+2}, \cdots$ を引いて，S より小さくなるまで進む．このようにして，
$$b_1 + b_2 + \cdots + b_k - c_1 - c_2 - \cdots - c_\ell + b_{k+1} + \cdots + b_p - c_{\ell+1} - \cdots$$
と無限級数を作っていくと，$\lim_{n \to \infty} b_n = 0, \lim_{n \to \infty} c_n = 0$ であることから S に収束することがわかる．

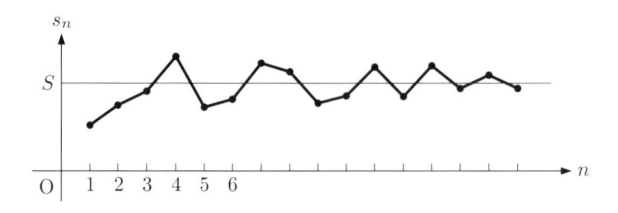

図 8.3

次の定理は定理 1.3.3 からただちに得られるが，基本的なものである．

定理 8.2.5 $\sum a_n$ が収束するための必要十分条件は次のようにいえる．
任意の正数 ε に対し，正数 N が存在して，$n > N$ である任意の自然数 n と，もう 1 つの任意の自然数 p について，
$$|a_{n+1} + a_{n+2} + \cdots + a_{n+p}| < \varepsilon$$
となる．

8.3 無限級数の和と積

定理 8.3.1 $\sum a_n, \sum b_n$ が収束し，$\sum a_n = A, \sum b_n = B$ とするとき，
(1) $\sum (a_n + b_n)$ も収束し，その和は $A + B$．
(2) $\sum k a_n$ （k は一定数）も収束し，その和は kA．

定理 8.3.2 $A = \sum a_n, B = \sum b_n$ がともに絶対収束するとき，
$$c_n = \sum_{j=1}^{n} a_i b_{n+1-i} = a_1 b_n + a_2 b_{n-1} + a_3 b_{n-2} + \cdots + a_{n-1} b_2 + a_n b_1$$
とおいてできる級数 $\sum c_n$ も収束し，$\sum c_n = AB$ となる．

証明 はじめに，$a_n \geqq 0, b_n \geqq 0 \ (n = 1, 2, 3, \cdots)$ の場合について示そう．
$$A_n = \sum_{i=1}^{n} a_i = a_1 + a_2 + \cdots + a_n,$$
$$B_n = \sum_{i=1}^{n} b_i = b_1 + b_2 + \cdots + b_n$$
とおいてその積を作ると，これは
$$a_i b_j \quad (i, j = 1, 2, \cdots, n)$$
の形の項の和である．

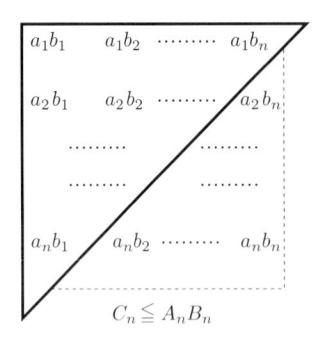

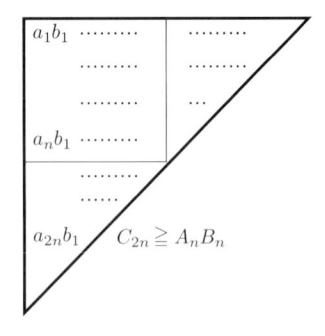

図 8.4

$$C_n = \sum_{i=1}^{n} c_i = \sum_{i=1}^{n}(a_1 b_i + a_2 b_{i-1} + \cdots + a_i b_1)$$

とおくと，$a_i \geqq 0, b_i \geqq 0$ であることから，

$$C_n \leqq \left(\sum_{i=1}^{n} a_i\right)\left(\sum_{i=1}^{n} b_i\right).$$

したがって，$C_n \leqq A_n B_n$ となって，C_n は上に有界であるから，$\sum c_n$ は収束する．その和を C とすれば，

$$C \leqq AB. \tag{8.8}$$

他方，C_{2n} を考えると，$A_n B_n \leqq C_{2n}$ で，

$$C \geqq AB. \tag{8.9}$$

(8.8), (8.9) によって，$C = AB$.

次に，a_i, b_i の中に負のものがある場合を考えよう．

$$|a_i| = a_i', |b_i| = b_i', A_n' = \sum_{i=1}^{n} a_i', B_n' = \sum_{i=1}^{n} b_i',$$

$$c_n' = \sum_{i=1}^{n} a_i' b_{n+1-i}', C_n' = \sum_{i=1}^{n} c_i'$$

とおくと，$\sum a_n, \sum b_n$ は絶対収束だから，$\sum a_n', \sum b_n'$ も収束する．そこで，$A' = \sum a_n', B' = \sum b_n'$ とおいて，この証明の前半の結果を適用して，

$$\lim_{n \to \infty}(A_n' B_n' - C_n') = A'B' - A'B' = 0. \tag{8.10}$$

また，$\sum a_n, \sum b_n, \sum c_n$ から作った A_n, B_n, C_n について，$A_nB_n - C_n$ を考えると，$|A_nB_n - C_n| \leq A_n'B_n' - C_n'$. ゆえに，(8.10) によって，$\lim_{n\to\infty}(A_nB_n - C_n) = 0$, ゆえに $\lim_{n\to\infty} C_n = \lim_{n\to\infty} A_nB_n = AB$. すなわち，$\sum c_n$ は収束し，その和は AB に等しい.

注意 この定理で $\sum a_n, \sum b_n$ から決めた c_n は，$\sum_{n=1}^{\infty} a_n x^{n-1}, \sum_{n=1}^{\infty} b_n x^{n-1}$ を形式的に掛けて x^n で整理したものを $\sum_{n=1}^{\infty} c_n x^{n-1}$ としたときの係数 c_n である.

注意 $\sum a_n, \sum b_n$ が単に収束する数列であるというだけでは，定理 8.3.2 での $\sum c_n$ は収束するとは限らない．たとえば，$a_n = (-1)^n \dfrac{1}{\sqrt{n}}, b_n = (-1)^{n-1} \dfrac{1}{\sqrt{n}}$ のとき，$\sum a_n, \sum b_n$ は収束するが，$\sum c_n$ は収束しない．それは，

$$c_n = a_1 b_n + a_2 b_{n-1} + \cdots + a_n b_1$$
$$= (-1)^{n-1}\left(\frac{1}{\sqrt{1}}\frac{1}{\sqrt{n}} + \frac{1}{\sqrt{2}}\frac{1}{\sqrt{n-1}} + \cdots + \frac{1}{\sqrt{n}}\frac{1}{\sqrt{1}}\right)$$

であるが，$\sqrt{k}\sqrt{n-k+1} \leq \dfrac{k+(n-k+1)}{2} = \dfrac{n+1}{2}$ であることから，

$$|c_n| \geq \frac{2}{n+1} + \frac{2}{n+1} + \cdots + \frac{2}{n+1} = \frac{2}{n+1} \times n \geq 1.$$

8.4 関数列の極限

関数の列 $f_1(x), f_2(x), f_3(x), \cdots$ があるとき，これが一定の関数 $f(x)$ に収束するというのは，任意の値 a に対して，

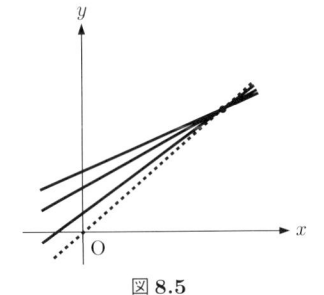

$$\lim_{n\to\infty} f_n(a) = f(a) \qquad (8.11)$$

となることである.

図 8.5

例 8.4.1 $f_n(x) = \dfrac{1+nx}{n+1}$ ならば,
$$\lim_{n\to\infty} f_n(x) = \lim_{n\to\infty} \dfrac{\dfrac{1}{n}+x}{1+\dfrac{1}{n}} = x.$$

例 8.4.2 $f_n(x) = \dfrac{1}{1+x^{2n}}$ のとき, $f(x) = \lim_{n\to\infty} f_n(x)$ とおけば,
$$f(x) = \begin{cases} 1 & (|x|<1) \\ \dfrac{1}{2} & (|x|=1) \\ 0 & (|x|>1). \end{cases}$$

(8.11) は, 任意の $\varepsilon > 0$ に対し, N を十分大きくとれば, $n > N$ であるすべての n に対し,
$$|f_n(x) - f(x)| < \varepsilon$$
となることである. このとき, N は ε に対して決めるわけであるが, x の値にも関係している.

例 8.4.1 では, $f(x) = x$ だから, $f_n(x) - f(x) = \dfrac{1-x}{n+1}$ となって,
$$|f_n(x) - f(x)| = \left|\dfrac{1-x}{n+1}\right| < \varepsilon \quad (8.12)$$
となるようにするには,
$$n > \dfrac{|1-x|}{\varepsilon} - 1$$
とすればよい. したがって, $N = \dfrac{|1-x|}{\varepsilon} - 1$ とすれば, $n > N$ であるすべての n に対して, (8.12) が成り立つわけである. ところが, x が限られた範囲, たとえば $|x| < a$ のとき, $N = \dfrac{a+1}{\varepsilon} - 1$ とすれば,

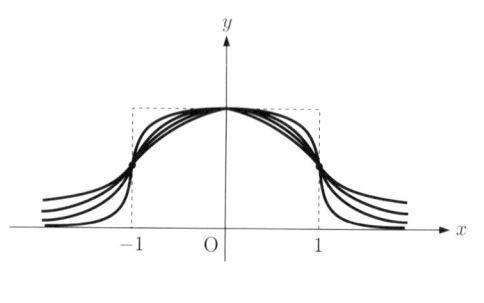

図 8.6

$n > N$ であるすべての n について
$$|f_n(x) - f(x)| < \varepsilon$$
となる.

このように，例 8.4.1 の場合，$-\infty < x < \infty$ では，N は x に無関係にはとれないが，$-a < x < a$ では，x に無関係に N がとれるのである.

一般に，定まった x の定義域で，任意の $\varepsilon > 0$ に対し，x に無関係に ε だけで決まる数 N があって，$n > N$ なるすべての n について，
$$|f_n(x) - f(x)| < \varepsilon$$
となるとき，関数の列 $f_1(x), f_2(x), \cdots$ はこの定義域で $f(x)$ に **一様収束** するという.

関数の列 $f_1(x), f_2(x), \cdots$ がすべて連続関数であっても，その極限関数 $f(x)$ は必ずしも連続とはいえない. たとえば，例 8.4.2 で各 $f_n(x)$ は連続であるが，極限の関数 $f(x)$ は連続でない. しかし，一様収束という条件があれば，これは保証されるのである. このことは次のように述べられる.

> **定理 8.4.1** 連続関数の列 $f_1(x), f_2(x), f_3(x), \cdots$ が関数 $f(x)$ に一様収束するとき，
> (i) $f(x)$ は連続関数である.
> (ii) $\displaystyle\lim_{n\to\infty} \int_a^b f_n(x)\,dx = \int_a^b f(x)\,dx.$

証明 (i) 任意の $\varepsilon > 0$ に対し，適当に N をとれば，$n > N$ である任意の n に対し，
$$|f_n(x) - f(x)| < \varepsilon, \quad |f_n(x+h) - f(x+h)| < \varepsilon \tag{8.13}$$
となる. 一様収束だから，これが h をどうとっても成り立つ. また，$f_n(x)$ は連続だから $\displaystyle\lim_{h\to 0} f_n(x+h) = f_n(x)$ すなわち，$\delta > 0$ を十分小さくとれば $|h| < \delta$ であるすべての h に対し，
$$|f_n(x+h) - f_n(x)| < \varepsilon. \tag{8.14}$$
そこで，与えられた $\varepsilon' > 0$ に対し，$\varepsilon = \dfrac{\varepsilon'}{3}$ として (8.13) が成り立つように N をとり，その上で (8.14) が成り立つように δ をとれば，

$$|f(x+h) - f(x)|$$
$$= |f(x+h) - f_n(x+h) + f_n(x+h) - f_n(x) + f_n(x) - f(x)|$$
$$= |f(x+h) - f_n(x+h)| + |f_n(x+h) - f_n(x)| + |f_n(x) - f(x)|$$
$$\leqq \varepsilon + \varepsilon + \varepsilon = \varepsilon'.$$

すなわち, $|f(x+h) - f(x)| < \varepsilon'$.

(ii) 任意の ε に対し, N を適当にとれば, $n > N$ であるすべての n に対して,
$$|f_n(x) - f(x)| < \varepsilon$$
が x に無関係に成り立つ. ゆえに, $a < b$ のとき,

$$\left| \int_a^b f_n(x)\, dx - \int_a^b f(x)\, dx \right| = \left| \int_a^b (f_n(x) - f(x))\, dx \right| \leqq \int_a^b |f_n(x) - f(x)|\, dx$$
$$\leqq \int_a^b \varepsilon\, dx = \varepsilon(b-a).$$

そこで任意の $\varepsilon' > 0$ に対して, $\varepsilon = \dfrac{\varepsilon'}{b-a}$ とおいて上のことを行えば,

$$\left| \int_a^b f_n(x)\, dx - \int_a^b f(x)\, dx \right| < \varepsilon'.$$

$a > b$ のときも同様である. ∎

定理 8.4.2 $f_1(x), f_2(x), f_3(x), \cdots$ が $f(x)$ に収束し, $f_1{}'(x), f_2{}'(x), f_3{}'(x), \cdots$ が連続で $g(x)$ に一様収束すれば, $g(x) = f'(x)$.

証明 定理 8.4.1 (ii) によって,
$$\int_a^x f_n'(x)\, dx \to \int_a^x g(x)\, dx \quad \text{すなわち,} \quad f_n(x) - f_n(a) \to \int_a^x g(x)\, dx.$$
他方, $f_n(x) - f_n(a) \to f(x) - f(a)$ だから, $f(x) - f(a) = \int_a^x g(x)\, dx.$
x で微分すれば, $f'(x) = g(x)$. ∎

ここで, 関数を項とする級数
$$\sum f_n(x) = f_1(x) + f_2(x) + f_3(x) + \cdots \tag{8.15}$$
を考えよう.
$$s_n(x) = f_1(x) + f_2(x) + \cdots + f_n(x)$$

とおくとき，数列 $s_1(x), s_2(x), s_3(x), \cdots$ が一様収束するならば，級数 (8.15) は一様収束するという．定理 8.4.1，定理 8.4.2 から，次が導かれる．

定理 8.4.3 $f_n(x)$ $(n=1,2,3,\cdots)$ が連続で，$\sum f_n(x)$ が $S(x)$ に一様収束するとき，
(1) $S(x)$ は連続．
(2) $\int_a^b S(x)\,dx = \int_a^b f_1(x)\,dx + \int_a^b f_2\,dx + \int_a^b f_3(x)\,dx + \cdots$.

定理 8.4.4 $f_1(x) + f_2(x) + f_3(x) + \cdots$ が $S(x)$ に収束し，$f_1'(x) + f_2'(x) + f_3'(x) + \cdots$ （各項は連続）が $T(x)$ に一様収束すれば，$S'(x) = T(x)$.

定理 8.4.5 $|f_n(x)| \leqq c_n$ $(n=1,2,\cdots)$ で，$\sum c_n$ が収束するとき，$\sum f_n(x)$ は一様収束する．

証明 $S_n(x) = f_1(x) + f_2(x) + \cdots + f_n(x)$ とおけば，$m > n$ のとき，
$$|S_m(x) - S_n(x)| = |f_{n+1}(x) + f_{n+2}(x) + \cdots + f_m(x)|$$
$$\leqq |f_{n+1}(x)| + |f_{n+2}(x)| + \cdots + |f_m(x)|$$
$$\leqq c_{n+1} + c_{n+2} + \cdots + c_m \leqq \sum_{k=n+1}^\infty c_k.$$

$\varepsilon > 0$ に対し，N を十分大きくすれば，$\sum c_n$ の収束によって，$n > N$ なる n に対し，
$$\sum_{k=n+1}^\infty c_k < \varepsilon, \quad \text{ゆえに} \quad |S_m(x) - S_n(x)| < \varepsilon. \tag{8.16}$$

$\sum |f_n(x)|$ が収束することから，$\sum f_n(x)$ も収束する．その和を $S(x)$ とすれば (8.16) で $m \to \infty$ として，$|S(x) - S_n(x)| \leqq \varepsilon$．

> **例 8.4.3** $\sum |a_n|$ が収束するとき，$\sum a_n \sin nx$ は一様収束する．

8.5 整級数

これから，x の整級数（べき級数）
$$\sum_{n=0}^{\infty} a_n x^n = \sum a_n x_n = a_0 + a_1 x + a_2 x^2 + \cdots$$
を考えよう．

> **定理 8.5.1** $\sum a_n x^n$ が $x = c$ ($\neq 0$) で収束するとき，この整級数は，
> (i) $|x| < |c|$ なる x に対して絶対収束する．
> (ii) $0 < c_1 < |c|$ なる任意の c_1 をとると，$|x| \leqq c_1$ の範囲で一様収束する．

証明 (i) $\sum a_n c^n$ が収束することから，すべての n に対して，$|a_n c^n| < M$ となる定数 M がある．ゆえに，$|a_n x^n| = |a_n c^n| \cdot \left|\dfrac{x}{c}\right|^n \leqq M \left|\dfrac{x}{c}\right|^n$.
$|x| < |c|$ なる x に対して，$\sum M \left|\dfrac{x}{c}\right|^n$ は収束するから，$\sum a_n x^n$ は絶対収束する．
(ii) $|a_n x^n| \leqq |a_n c_1{}^n|$ であり，かつ $\sum |a_n c_1{}^n|$ が収束するから，定理 8.4.5 によって $\sum a_n x^n$ は一様収束する．

> **例 8.5.1**
> $$\sum (-1)^{n-1} \frac{x^n}{n} = x - \frac{x^2}{2} + \frac{x^3}{3} - \cdots \qquad (8.17)$$
> で $x = 1$ とおくと，$1 - \dfrac{1}{2} + \dfrac{1}{3} - \dfrac{1}{4} + \cdots$ となって収束するから，(8.17) は $|x| < 1$ で絶対収束し，$0 < k < 1$ となる任意の k をとると，$|x| \leqq k$ で一様収束する．

なお，(8.17) は $x = 1$ では収束，$x = -1$ では発散である．

8.5.1 収束半径

$\sum (-1)^{n-1} \dfrac{x^n}{n}$ は $|x| < 1$ で収束し, $|x| > 1$ では発散する. すなわち, $x = 1$ はこの整級数の収束するような x の値の上の限界である.

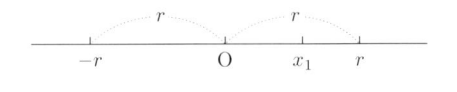

図 8.7

一般に, $\sum a_n x^n$ が $x = c$ で収束するような c の全体を考え, その上限 (p.3) を r とすると, $|x_1| < r$ なる x_1 に対して $\sum a_n x^n$ は絶対収束する. それは, このとき $|x_1| < c < r$ となる c で, $\sum a_n c^n$ が収束するような c があり, 定理 8.5.1 によって $\sum a_n x_1^n$ は絶対収束するからである. このような r を整級数 $\sum a_n x^n$ の **収束半径** という. すなわち, 収束半径が r であるというのは, $\sum a_n x^n$ が,

$$|x| > r \text{ では発散}, |x| < r \text{ では収束}$$

ということである.

注意 このとき, $x = \pm r$ では, $\sum a_n x^n$ は収束することも発散することもある.

注意 $\sum a_n x^n$ がすべての x に対して収束するときは, 収束半径は ∞ であるという.

また x の 0 以外のどの値に対しても発散するとき, 収束半径は 0 であるという. いま, $\sum a_n x^n$ で, $\lim_{n\to\infty} \left| \dfrac{a_{n+1}}{a_n} \right| = c \ (\neq 0)$ とすれば, $\lim_{n\to\infty} \left| \dfrac{a_{n+1} x^{n+1}}{a_n x^n} \right| = c|x|$ であるから, $|x| < \dfrac{1}{c}$ のときは $\sum a_n x^n$ は絶対収束する. また, $|x| > \dfrac{1}{c}$ のときは, $c|x| > 1$ だから, 定理 8.1.6 の注意によって $\lim_{n\to\infty} |a_{n+1} x^{n+1}| = \infty$ となり, $\sum a_n x^n$ は発散する. したがって,

定理 8.5.2 $\sum a_n x^n$ において $r = \lim_{n\to\infty} \left| \dfrac{a_n}{a_{n+1}} \right|$ のとき, r は収束半径である. $\sum a_n x^n$ は $|x| < r$ で絶対収束する.

例 8.5.2 $\sum \dfrac{x^n}{n} = x + \dfrac{x^2}{2} + \dfrac{x^3}{3} + \cdots$ では，$a_n = \dfrac{1}{n}$ だから，$\displaystyle\lim_{n\to\infty} \dfrac{a_n}{a_{n+1}} = 1$ となって，収束半径は 1 である．$x = 1$ のときは，$\sum \dfrac{1}{n}$ となって発散し，$x = -1$ のときは，$\sum (-1)^n \dfrac{1}{n}$ となって収束する．

例 8.5.3 $\sum \dfrac{x^n}{n!}$ では，$a_n = \dfrac{1}{n!}$ だから，収束半径は ∞ すなわち，すべての x に対して収束する．

例 8.5.4 $\sum n! x^n$ の収束半径は 0．

定理 8.5.2 から容易にわかるように，
$$\sum_{n=0}^{\infty} a_n x^{2n} = a_0 + a_1 x^2 + a_2 x^4 + \cdots$$
$$\sum_{n=1}^{\infty} a_n x^{2n-1} = a_1 x + a_2 x^3 + a_3 x^5 + \cdots$$
では，$\displaystyle\lim_{n\to\infty} \left| \dfrac{a_n}{a_{n+1}} \right| = c$ とするとき，$\sqrt{c} = r$ が収束半径となる．

例 8.5.5 $\sum \dfrac{x^{2n-1}}{2n-1} = x + \dfrac{x^3}{3} + \dfrac{x^5}{5} + \cdots$ では，$a_n = \dfrac{1}{2n-1}$ だから，$\displaystyle\lim_{n\to\infty} \dfrac{a_n}{a_{n+1}} = \lim_{n\to\infty} \dfrac{2n+1}{2n-1} = 1$ となり，収束半径は $\sqrt{1} = 1$ である．

定理 8.5.2 よりももっと一般に整級数の収束半径を定める方法がある．これを述べておこう．

まず一般に数列 $\{c_n\}$ に対して，次のような数 α をその**上極限**といい，$\overline{\lim} c_n$ と書く．

(1) 任意の正数 ε に対し，$c_n > \alpha + \varepsilon$ となる n は有限個しかない．

(2) 任意の正数 ε に対し，$c_n > \alpha - \varepsilon$ となる n は無数にある．$\{c_n\}$ が収束するときは，その極限値は上極限である．しかし，収束しないでも上極限は存在することがある．たとえば，$\left\{(-1)^n + \dfrac{1}{n}\right\}$, $\left\{(-1)^n \left(1 + \dfrac{1}{n}\right)\right\}$ のような数列には極限はないが，上極限はどちらの場合にも 1 である．

また，上に有界でない数列では，上極限は ∞ とする．下極限 $\varliminf c_n$ についても同様に考えられる．上極限を使えば，整級数の収束半径は次のように決定される．

定理 8.5.3 整級数 $\sum a_n x^n$ の収束半径を r とすれば，
$$\frac{1}{r} = \varlimsup \sqrt[n]{|a_n|}.$$

証明 この式で定まる r が収束半径であることを示そう．それには，
$$|x| < r \text{ のとき } \sum a_n x^n \text{ は収束,} \quad |x| > r \text{ のとき発散}$$
であることをいえばよい．$c_n = \sqrt[n]{|a_n|}$ とおけば上極限の定義により任意の正数 ε に対して正数 N をとれば $n > N$ であるすべての n に対して，
$$c_n \leqq r^{-1} + \varepsilon.$$
いま，$|x| < r$ のとき，ε を十分小さくとれば，$(r^{-1} + \varepsilon)|x| = k < 1$ とすることができる．したがって，
$$|a_n x^n| = |c_n x|^n \leq ((r^{-1} + \varepsilon)|x|)^n = k^n \quad (0 < k < 1).$$
$\sum k^n$ が収束するから，$\sum a_n x^n$ は収束する．

次に，任意の正数 ε に対して，
$$c_n > r^{-1} - \varepsilon$$
となる n が無数にある．$|x| > r$ のときは ε を十分小さくとれば，$(r^{-1} - \varepsilon)|x| = \ell > 1$ とすることができるから，上の n に対して，
$$|a_n x^n| = |c_n x|^n \geqq ((r^{-1} - \varepsilon)|x|)^n = \ell^n > 1.$$
したがって，$\sum a_n x^n$ は発散する． ∎

注意 この証明は $\varlimsup \sqrt[n]{|a_n|} = 0$ でも $r^{-1} = 0$ とみれば成り立つ．

また、$\overline{\lim} \sqrt[n]{|a_n|} = \infty$ のときは、$r = 0$ である。これらは、上の証明のやり方で証明できる。

> **例 8.5.6** $\sum (2 + (-1)^n) x^n$ では、$a_n = 2 + (-1)^n$ で、$\overline{\lim} \sqrt[n]{2 + (-1)^n} = 1$. したがって、収束半径は 1 である。

問 8.4 次の整級数の収束半径を求めよ。
(1) $1 + x + 2x^2 + \cdots + nx^n + \cdots$.
(2) $1 + x + \dfrac{2^2}{2!} x^2 + \cdots + \dfrac{n^n}{n!} x^n + \cdots$.

8.5.2 整級数の微積分

次に、
$$f(x) = \sum a_n x^n = a_0 + a_1 x + a_2 x^2 + a_3 x^3 + \cdots \tag{8.18}$$
と、その各項を微分してできる級数
$$g(x) = \sum n a_n x^{n-1} = a_1 + 2a_2 x + 3a_3 x^2 + \cdots \tag{8.19}$$
を考えて、$f'(x) = g(x)$ となるかどうかを調べてみよう。まず (8.18) と (8.19) の収束半径は同じである。このことは、
$$\lim_{n \to \infty} \left| \frac{a_n}{a_{n+1}} \right| = r \tag{8.20}$$
のときは、
$$\lim_{n \to \infty} \left| \frac{n a_n}{(n+1) a_{n+1}} \right| = \lim_{n \to \infty} \left| \frac{a_n}{a_{n+1}} \right| \Big/ \left(1 + \frac{1}{n} \right) = r$$
となることからわかる。一般には定理 8.5.3 を使えばよい。(8.18), (8.19) の収束半径を r とすれば、$0 < c < r$ なる c をとると、$|x| \leqq c$ で (8.19) は一様収束するから、定理 8.4.4 によって、
$$g(x) = f'(x)$$
また、$|x| \leqq c$ で (8.18) が一様収束することから、定理 8.4.3 によって、
$$\int_0^t f(x)\, dx = \sum \int_0^t a_n x^n\, dx = a_0 t + \frac{a_1}{2} t^2 + \frac{a_2}{3} t^3 + \cdots \quad (|t| \leqq |c|).$$
いま、$0 < c < r$ は任意であるから、結局、次の定理が得られる。

定理 8.5.4 整級数 $f(x) = \sum_{n=0}^{\infty} a_n x^n$ は，収束半径内で項別に微分しても積分してもよい．すなわち，
$$f'(x) = \sum_{n=1}^{\infty} n a_n x^{n-1}, \quad \int_0^x f(t)\,dt = \sum_{n=0}^{\infty} \frac{a_n}{n+1} x^{n+1}.$$

例 8.5.7 $|x| < 1$ では，$\dfrac{1}{1-x} = 1 + x + x^2 + \cdots + x^n + \cdots$.
これを項別に微分して，
$$\frac{1}{(1-x)^2} = 1 + 2x + 3x^2 + \cdots + nx^{n-1} + \cdots.$$
さらに微分して，
$$\frac{2}{(1-x)^3} = 2 + 2\cdot 3 x + \cdots + (n-1)n x^{n-2} + \cdots.$$
これらは $|x| < 1$ で成り立つ．

例 8.5.8 $|x| < 1$ では，
$$\frac{1}{1+x} = 1 - x + x^2 - \cdots + (-1)^n x^n + \cdots. \tag{8.21}$$
これを項別に積分すると，$\displaystyle\int_0^x \frac{dt}{1+t} = \log(1+x)$ であることから，
$$\log(1+x) = x - \frac{x^2}{2} + \frac{x^3}{3} - \cdots + (-1)^{n-1}\frac{x^n}{n} + \cdots. \tag{8.22}$$

例 8.5.8 で，(8.21) は $x = \pm 1$ では成り立たないが，これを積分してできる (8.22) は $x = 1$ で成り立つのである．このことは，次の定理（アーベルの定理）によってわかる．

定理 8.5.5 $x = r$ が $f(x) = \sum a_n x^n$ の収束半径で, $\sum a_n r^n$ が収束するとき,
$$\lim_{x \to r-0} f(x) = \sum a_n r^n.$$
また, $\sum a_n (-r)^n$ が収束するときは,
$$\lim_{x \to r+0} f(x) = \sum a_n (-r)^n.$$

証明 まず, はじめの場合を示そう.
$$a_n x^n = a_n r^n (r^{-1} x)^n$$
であることから, $c_n = a_n r^n, z = r^{-1} x$ とおけば, この定理は
$g(z) = \sum c_n z^n$ の収束半径が 1, $\sum c_n$ が収束のとき, $\lim_{z \to 1-0} g(z) = \sum c_n$
に帰着する. これは, もとの定理で $r = 1$ の場合にあたるから, 以下, $r = 1$ として証明しよう. まず $s = \sum_{n=0}^{\infty} a_n$ とし,
$$s_n = a_0 + a_1 + a_2 + \cdots + a_n$$
とおけば, $\sum s_n x^n$ の収束半径は 1 またはそれより大きい. それは, $\{s_n\}$ の収束により $|s_n x^n| \leq C|x|^n$ (C は定数) となるからである. したがって, $|x| < 1$ では,
$$(1-x) \sum_{n=0}^{\infty} s_n x^n = (1-x)(s_0 + s_1 x + s_2 x^2 + \cdots + s_n x^n + \cdots)$$
$$= s_0 + (s_1 - s_0)x + (s_2 - s_1)x^2 + \cdots + (s_n - s_{n-1})x^n + \cdots$$
$$= a_0 + a_1 x + a_2 x^2 + \cdots + a_n x^n + \cdots$$
となって, $f(x) = (1-x) \sum_{n=0}^{\infty} s_n x^n$. したがって,
$$f(x) - s = (1-x)\left(\sum_{n=0}^{\infty} s_n x^n - s \sum_{n=0}^{\infty} x^n\right) = (1-x) \sum_{n=0}^{\infty} (s_n - s) x^n. \quad (8.23)$$
いま, 任意の正数 ε に対し, 適当に正の整数 N をとれば, $n > N$ である任意

の n に対して $|s_n - s| < \varepsilon$ となるから,$0 < x < 1$ のとき,

$$(1-x)\left|\sum_{n=N+1}^{\infty}(s_n - s)x^n\right| \leq (1-x)\sum_{n=N+1}^{\infty}\varepsilon x^n = \varepsilon x^{N+1} < \varepsilon. \quad (8.24)$$

また,ε に対して適当に整数 δ をとれば,$1-\delta < x < 1$ である x に対して,

$$(1-x)\left|\sum_{n=0}^{N}(s_n - s)x^n\right| < \varepsilon. \quad (8.25)$$

したがって,このとき (8.23), (8.24), (8.25) により,

$$|f(x)-s| \leq (1-x)\left|\sum_{n=0}^{N}(s_n - s)x^n\right| + (1-x)\left|\sum_{n=N+1}^{\infty}(s_n - s)x^n\right| < \varepsilon+\varepsilon = 2\varepsilon.$$

これで $x = r$ の場合が証明できたことになる.

$x = -r$ の場合も同様である.

例 8.5.9 例 8.5.8 の (8.22) で,右辺の級数は $x = 1$ で収束し,かつ $\log(1+x)$ は $x = 1$ で連続だから,定理 8.5.5 によれば,

$$\log 2 = 1 - \frac{1}{2} + \frac{1}{3} - \cdots + (-1)^{n-1}\frac{1}{n} + \cdots$$

となる.すなわち (8.22) は $-1 < x \leq 1$ で成り立つ.

8.5.3 二項展開

$|x| < 1$ で,

$$(1+x)^{\alpha} = \sum_{n=0}^{\infty}\frac{\alpha(\alpha-1)(\alpha-2)\cdots(\alpha-n+1)}{n!}x^n \quad (8.26)$$

$$= 1 + \alpha x + \frac{\alpha(\alpha-1)}{2!}x^2 + \frac{\alpha(\alpha-1)(\alpha-2)}{3!}x^3 + \cdots$$

が成り立つ.これは,次のようにして示される.まず,(8.26) の右辺

$$f(x) = \sum_{n=0}^{\infty}\frac{\alpha(\alpha-1)(\alpha-2)\cdots(\alpha-n+1)}{n!}x^n \quad (8.27)$$

の収束半径が 1 であることは,定理 8.5.2 によって確かめられる.

そこで，$|x| < 1$ では，
$$f'(x) = \sum_{n=1}^{\infty} \frac{\alpha(\alpha-1)\cdots(\alpha-n+1)}{(n-1)!} x^{n-1}.$$

ゆえに，

$(1+x)f'(x)$

$= \alpha + \alpha \sum_{n=1}^{\infty} \left(\frac{(\alpha-1)(\alpha-2)\cdots(\alpha-n)}{n!} + \frac{(\alpha-1)(\alpha-2)\cdots(\alpha-n+1)}{(n-1)!} \right) x^n$

$= \alpha \sum_{n=0}^{\infty} \frac{(\alpha-1)(\alpha-2)\cdots(\alpha-n+1)}{n!} (\alpha-n+n) x^n$

となって，$(1+x)f'(x) = \alpha f(x)$. ゆえに，$\dfrac{f'(x)}{f(x)} = \dfrac{\alpha}{1+x}$ 積分して，$\log f(x) = \alpha \log(1+x) + $ 定数．これから，$f(x) = C(1+x)^\alpha$. (8.27) によれば，$f(0) = 1$ だから，$C = 1$ となり，$f(x) = (1+x)^\alpha$.

注意 二項展開 (8.26) の収束半径は 1 であるが，この展開は，

$x = 1$ のときは，$\alpha > -1$ で成り立ち，

$x = -1$ のときは，$\alpha > 0$ で成り立つ．

このことは，定理 8.5.5 と p.207 の演習問題 4, 5 による．

第 8 章　演習問題

1. 次の級数の収束・発散を調べよ．
   (1) $\displaystyle\sum_{n=1}^{\infty} \frac{1}{\sqrt{n(n+1)}}$.
   (2) $\displaystyle\sum_{n=1}^{\infty} \frac{\sqrt{n}}{1+n^2}$.
   (3) $\displaystyle\sum_{n=1}^{\infty} \frac{a^n}{n!}$ $(a > 0)$.
   (4) $\displaystyle\sum_{n=1}^{\infty} \frac{n!}{n^3}$.
   (5) $\displaystyle\sum_{n=1}^{\infty} \left(\frac{n}{2n+1} \right)^n$.
   (6) $\displaystyle\sum_{n=1}^{\infty} (-1)^{n-1}(\sqrt{n+1} - \sqrt{n})$.

2. 次の整級数の収束半径を求めよ．
   (1) $\displaystyle\sum_{n=0}^{\infty} (\sqrt{n+1} - \sqrt{n}) x^n$.
   (2) $\displaystyle\sum_{n=1}^{\infty} \frac{3^n}{n^2} x^n$.
   (3) $\displaystyle\sum_{n=1}^{\infty} \left(1 + \frac{1}{n} \right)^n x^n$.
   (4) $\displaystyle\sum_{n=1}^{\infty} \frac{(3n)!}{(n!)^3} x^n$.

3. $0 < a_n < 1$ $(n = 1, 2, 3, \cdots)$，かつ $\sum a_n$ が発散するとき，次を示せ．
$$\lim_{n \to \infty} (1-a_1)(1-a_2)\cdots(1-a_n) = 0.$$

4. **3.** を使って, $\alpha > -1$ のとき,
$$1 + \alpha + \frac{\alpha(\alpha-1)}{2!} + \cdots + \frac{\alpha(\alpha-1)\cdots(\alpha-n+1)}{n!} + \cdots$$
は収束することを示せ.

5. $\alpha > 0$ のとき, 次の級数は収束することを示せ.
$$1 - \alpha + \frac{\alpha(\alpha-1)}{2!} - \cdots + (-1)^n \frac{\alpha(\alpha-1)\cdots(\alpha-n+1)}{n!} + \cdots.$$

解答

Chapter 1

問 1.1 (p.4) 上限 1, 下限 -1.

問 1.2 (p.7) まず, n が十分大きいと, $|a_n| > \dfrac{1}{2}|\alpha|$ であることを示せ.

問 1.3 (p.7) 任意の正の数 ε に対し十分大きな N を選べば, $n > N$ ならば $\alpha - \varepsilon < a_n \leqq b_n \leqq c_n < \alpha + \varepsilon$ となることを示せ.

演習問題 (p.10)

2. (1) $a > 1$ のとき $\sqrt[n]{a} = 1 + h_n$ とおくと $h_n > 0$. $a = (1+h_n)^n \geqq 1 + nh_n$ より $h_n \leqq \dfrac{a-1}{n}$. ここで $n \to \infty$ とせよ. $a = 1$ のときは明らか. $a < 1$ のときは $\dfrac{1}{a}$ を考えよ.

(2) $1 - \dfrac{1}{n} = \dfrac{n-1}{n} = \left(1 + \dfrac{1}{n-1}\right)^{-1}$ と変形せよ.

3. $n > N$ のとき $a_n > 2K$ とすると
$$b_n = \frac{a_1 + \cdots a_n}{n} \geqq \left(\frac{a_1 + \cdots + a_N - 2NK}{n} + K\right) + K.$$
さらに n を大きくとると括弧の中は正となり $b_n > K$.

4. 対数をとって考えよ.

Chapter 2

問 2.3 (p.13) $x - \dfrac{x^3}{6} < \sin x < x$ を用いる.

問 2.5 (p.14) 任意の正数 ε に対して, 次のような正数 δ が存在する. $0 < |x - a| < \delta$ である任意の x に対して, $|f(x)| > \varepsilon$.

問 2.9 (p.22) $\dfrac{\log(1+h)}{h} = \log(1+h)^{\frac{1}{h}}$

問 2.11 (p.24) $y = \sin^{-1}(-x)$ とおく.

問 2.14 (p.30) (1) 連続. (2) 連続.

演習問題 (p.30)

2. 両辺の正接の値を計算せよ.

3. (1) 連続. (2) 連続.

Chapter 3

問 **3.1** (p.36) (1) $\cos\left(x + \dfrac{n\pi}{2}\right)$. (2) $\dfrac{(-1)^{n-1}(n-1)!}{(1+x)^n}$

問 **3.2** (p.38) (1) $y = (x^2-1)^n$ とおくと $y' = 2nx(x^2-1)^{n-1}$ より $(x^2-1)y' = 2nxy$. この式の両辺を $n+1$ 回微分せよ.

演習問題 (p.40)

1. (1) $-\operatorname{cosec}^2 x$.   (2) $\sec x \tan x$.   (3) $-\operatorname{cosec} x \cot x$
(4) $\dfrac{a^2 \cos x}{(a^2\cos^2 x + b^2\sin^2 x)^{\frac{3}{2}}}$. (5) $\sec x$. (6) $x^{\frac{1}{2}-2}(1-\log x)$.
(7) $x^{\sin x}\left(\cos x \log x + \dfrac{\sin x}{x}\right)$. (8) $\sin^{-1} x + \dfrac{x}{\sqrt{1-x^2}}$. (9) $\dfrac{2\tan^{-1} x}{1+x^2}$.
(10) $-\dfrac{1}{\sqrt{x}(1+x)}$. (11) $\dfrac{ab}{a^2\sin^2 x + b^2\cos^2 x}$.

3. $\dfrac{dy}{dx} = \dfrac{\sin t}{1-\cos t}$, $\dfrac{d^2y}{dx^2} = \dfrac{1}{a(1-\cos t)^2}$.

4. (1) $2^{n-1}\cos\left(2x + \dfrac{n\pi}{2}\right)$. (2) $(\sqrt{2})^n e^x \sin\left(x + \dfrac{n\pi}{4}\right)$

5. (1) $f'(x) = \dfrac{1}{1+x^2}$ より $(1+x^2)f'(x) = 1$. この式の両辺を $n+1$ 回微分せよ.
(2) $f^{(2m)}(0) = 0$, $f^{(2m+1)}(0) = (-1)^m (2m)!$.

Chapter 4

問 **4.1** (p.42) (1) $z_x = 3ax^2 + 2bxy$, $z_y = bx^2 + 3cy^2$.
(2) $z_x = \dfrac{ady - bcy}{(cx+dy)^2}$, $z_y = \dfrac{bcx - adx}{(cx+dy)^2}$.
(3) $z_x = \dfrac{x}{\sqrt{x^2-y^2}}$, $z_y = \dfrac{-y}{\sqrt{x^2-y^2}}$

問 **4.2** (p.42) (1) $xy = u$ とおくと $z = f(u)$. z_x と z_y を求めてみよ.

問 **4.3** (p.43) (1) $z_{xx} = 6x$, $z_{xy} = z_{yx} = -6$, $z_{yy} = 6y$.
(2) $z_{xx} = -9\sin(3x+2y)$, $z_{xy} = z_{yx} = -6\sin(3x+2y)$, $z_{yy} = -4\sin(3x+2y)$.
(3) $z_{xx} = -\dfrac{1}{4}(xy)^{-\frac{3}{2}} y^2$, $z_{xy} = z_{yx} = \dfrac{1}{4}(xy)^{-\frac{1}{2}}$, $z_{yy} = -\dfrac{1}{4}(xy)^{-\frac{3}{2}} x^2$.

問 **4.4** (p.43) 直接計算して, 求める式の両辺を比べよ.

問 **4.5** (p.45) (1) $u_x = 2x-y-z$, $u_y = 2y-x-z$, $u_z = 2z-x-y$, $u_{xx} = 2$, $u_{yy} = 2$, $u_{zz} = 2$, $u_{xy} = u_{yx} = -1$, $u_{xz} = u_{zx} = -1$, $u_{yz} = u_{zy} = -1$.
(2) $z_x = \dfrac{x}{x^2+y^2}$, $z_y = \dfrac{y}{x^2+y^2}$, $z_{xx} = \dfrac{-x^2+y^2}{(x^2+y^2)^2}$, $z_{xy} = z_{yx} = \dfrac{-2xy}{(x^2+y^2)^2}$,
$z_{yy} = \dfrac{x^2-y^2}{(x^2+y^2)^2}$.

問 **4.6** (p.46) (1) $-\sin t f_x + \cos t f_y$. (2) $af_x + bf_y$.

問 **4.7** (p.47) (1) $f_{xx}\sin^2 t - 2f_{xy}\sin t \cos t + f_{yy}\cos^2 t - \cos t f_x - \sin t f_y$.

(2) $f_{xx}a^2 + 2f_{xy}ab + f_{yy}b^2$.

問 **4.8** (p.48) (1) 0 次.　　(2) 1 次.

問 **4.9** (p.49) (1) $\dfrac{\partial(x,y)}{\partial(u,v)} = ps - qr$.　(2) $\dfrac{\partial(x,y)}{\partial(u,v)} = u$.

問 **4.10**, 問 **4.11** (p.49), 問 **4.12**, 問 **4.13** (p.51) 直接計算して，両辺を比べよ．

問 **4.14** (p.51) $xy = y, y = v$ とおいて $\dfrac{\partial z}{\partial v}$ を計算してみよ．

問 **4.15** (p.53) (1) $f_y = -6x + 3y^2 \neq 0$ のところで $\dfrac{dy}{dx} = -\dfrac{3x^2 - 6y}{-6x + 3y^2}$.

(2) $f_y = y - x \neq 0$ のところで $\dfrac{dy}{dx} = \dfrac{x+y}{x-y}$.

問 **4.16** (p.56) $d(u+v) = \dfrac{\partial(u+v)}{\partial x}dx + \dfrac{\partial(u+v)}{\partial y}dy, d(uv) = \dfrac{\partial(uv)}{\partial x}dx + \dfrac{\partial(uv)}{\partial y}dy$ であることに注意せよ．

問 **4.17** (p.56) (1) $du = \dfrac{2x}{x^2+y^2}dx + \dfrac{2y}{x^2+y^2}dy$.

(2) $du = \dfrac{1}{\sqrt{x^2+y^2+z^2}}(x\cos(\sqrt{x^2+y^2+z^2})dx + y\cos(\sqrt{x^2+y^2+z^2})dy + z\cos(\sqrt{x^2+y^2+z^2})dz)$.

問 **4.18** (p.56) $S = \dfrac{1}{2}ab\sin\theta$ であることに注意して $S + dS$ から ΔS を求める．

問 **4.19** (p.56) 式 $u = u_1 u_2 \cdots u_n$ の両辺の対数をとってみよ．

問 **4.20** (p.56) 問 19 参照．

問 **4.21** (p.58) (1) $f(x+h, y+k) = (ax^2 + 2bxy + cy^2 + 2dx + 2ey + f) + (h(2ax + 2by + 2d) + k(2bx + 2cy + 2e)) + \dfrac{1}{2}(2ah^2 + 2b \cdot 2hk + 2ck^2)$.

(2) $f(x+h, y+k) = \sin(xy) + (hy\cos(xy) + kx\cos(xy)) + \dfrac{1}{2}(-h^2y^2\sin(xy) - 2hk \cdot xy\sin(xy) - k^2x^2\sin(xy))$.

問 **4.22** (p.62) (1) $f_x = 0, f_y = 0$ を解いて，解の組 $(x,y) = (1,-2), (-1,2), (1,2), (-1,-2)$ を得る．$(1,-2)$ で極小値 -18 をとり，$(-1,2)$ で極大値をとる．また，$(1,2), (-1,-2)$ は極値を与えない．

(2) $f_x = 0, f_y = 0$ を解いて，解の組 $(\sqrt{2}, -\sqrt{2}), (-\sqrt{2}, \sqrt{2}), (0,0)$ を得る．$(\sqrt{2}, -\sqrt{2}), (-\sqrt{2}, \sqrt{2})$ で極小値 -8 をとり，$(0,0)$ に対しては極値の判定はできない．

問 **4.23** (p.64) (1) $\left(\dfrac{1}{\sqrt{7}}, -\dfrac{2}{\sqrt{7}}\right)$ で極小値をとり，$\left(-\dfrac{1}{\sqrt{7}}, \dfrac{2}{\sqrt{7}}\right)$ で極大値をとる．

(2) $\left(3^{\frac{1}{8}}, 3^{\frac{3}{8}}\right)$ で極大値をとり，$\left(-3^{\frac{1}{8}}, -3^{\frac{3}{8}}\right)$ で極小値をとる．

問 **4.24** (p.65) $\pm\sqrt{\dfrac{\ell^2}{A}+\dfrac{m^2}{B}}$.

問 **4.25** (p.67) (1) (0,0).　(2) (0,0).

問 **4.26** (p.70) (1) $xy=0$.　(2) $x^{\frac{2}{3}}+y^{\frac{2}{3}}=a^{\frac{2}{3}}$.

問 **4.27** (p.71) $AxX+ByY+CzZ-1=0$.

演習問題 (p.72)

1. (1) $z_x=8xy^2-6x(x^2+y^2)^2,\ z_y=8x^2y-6y(x^2+y^2)^2$.

(2) $z_x=\dfrac{2x+y}{x^2+xy+y^2},\ z_y=\dfrac{x+2y}{x^2+xy+y^2}$.

2. (1) $u_{xx}=-zy^2\sin xy,\ u_{yy}=-zx^2\sin xy,\ u_{zz}=0$,
$u_{xy}=u_{yx}=z\cos xy-xyz\sin xy,\ u_{xz}=u_{zx}=y\cos xy,\ u_{yz}=u_{zy}=x\cos xy$.

(2) $u_{xx}=\dfrac{-2x^2+2y^2-2z^2}{(x^2+y^2-z^2)^2},\ u_{yy}=\dfrac{2x^2-2y^2-2z^2}{(x^2+y^2-z^2)^2}$,

$u_{zz}=\dfrac{-2x^2-2y^2-2z^2}{(x^2+y^2-z^2)^2},\ u_{xy}=u_{yx}=-\dfrac{4xy}{(x^2+y^2-z^2)^2}$,

$u_{xz}=u_{zx}=\dfrac{4xz}{(x^2+y^2-z^2)^2},\ u_{yz}=u_{zy}=\dfrac{4yz}{(x^2+y^2-z^2)^2}$.

4. (1) $1-\dfrac{1}{2}(x^2+y^2)+\dfrac{3}{8}(x^2+y^2)^2-\dfrac{5}{16}(x^2+y^2)^3+R_4$,

$R_4=\dfrac{35}{128}(1+\theta(x^2+y^2))^{-\frac{7}{2}}(x^2+y^2)^4,\quad 0<\theta<1$.

(2) $1+ax+\dfrac{a^2x^2-b^2y^2}{2}+\dfrac{a^3x^3-3ab^2xy^2}{6}+R_4,\ R_4=\dfrac{1}{24}e^{a\theta x}[\cos(b\theta y)\cdot(a^4x^4-6a^2b^2x^2y^2+b^4y^4)+4ab\sin(b\theta y)\cdot xy\cdot(b^2y^2-a^2x^2)],\ 0<\theta<1$.

5. (1) (1,0) で極小値 -2 をとり, $(-1,0)$ で極大値 2 をとる.

(2) (0,0) で極小値 0 をとる.

6. (1) $\dfrac{1-2xy^{11}}{1+11x^2y^{10}}$.　(2) $\dfrac{1-2e^{x+y}}{1+2e^{x+y}}$.

7. 極大値 $\dfrac{2}{5}$, 極小値 $\dfrac{2}{7}$.

8. 三角形の 3 辺の長さを x,y,z とすれば, $x+y+z=2\ell$ (ℓ は定数) の条件の下に, 三角形の面積 $S=\sqrt{\ell(\ell-x)(\ell-y)(\ell-z)}$ (ヘロンの公式) を最大にする条件つき極値問題と考えよ. 答は $x=y=z$ で三角形.

9. (1) 接平面: $x_0X+y_0Y+z_0Z-a^2=0$, 法線: $\dfrac{X}{x_0}=\dfrac{Y}{y_0}=\dfrac{Z}{z_0}$.

10. (1) $x^2+y^2=\alpha^2$.　(2) $\dfrac{x^2}{2}+y^2=1$.

Chapter 5

問 **5.1** (p.79) (1) $\dfrac{1}{6}$.　(2) 1.　(3) 0.　(4) 1.

問 **5.5** (p.85) $1-\dfrac{1}{2!}x^2+\dfrac{1}{4!}x^4+\cdots+(-1)^n\dfrac{1}{(2n)!}x^{2n}+\cdots,\ |x|<\infty$.

演習問題 (p.99)
1. (1) -2. (2) 0. (3) 1. (4) e^2.

Chapter 6
問 **6.1** (p.107) $-\dfrac{1}{x} - \tan^{-1} x + C$.

問 **6.2** (p.109) (1) $\dfrac{1}{\sqrt{2}} \log \left| \tan \left(\dfrac{x}{2} - \dfrac{\pi}{8} \right) \right| + C$.

(2) $\dfrac{2}{\sqrt{5}} \tan^{-1} \left(\dfrac{1}{\sqrt{5}} \tan \dfrac{x}{2} \right) + C$.

問 **6.3** (p.114) (1) $xy + y - x = C$. (2) $x^2 + y^2 = C$.

問 **6.4** (p.114) (1) $\tan^{-1} \dfrac{y}{x} - \dfrac{1}{2} \log(x^2 + y^2) = C$. (2) $y^2 + x^2 e^{-\frac{y}{x}} = C$.

問 **6.5** (p.114) (1) $y = -\dfrac{1}{2}(\sin x + \cos x) + Ce^x$. (2) $(y - x)^2 = C(1 + x^2)$.

問 **6.6** (p.118) (1) $y = C_1 e^{-x} + C_2 e^{3x}$. (2) $y = C_1 e^{-x} + C_2 x e^{-x}$.
(3) $y = e^x (A \cos x + B \sin x)$.

問 **6.7** (p.126) $\dfrac{\pi}{4} a^2$.

問 **6.8** (p.127) (1) $\dfrac{1}{2}$. (2) $\dfrac{1}{9}(24 \log 2 - 7)$.

問 **6.9** (p.130) (1) -1. (2) π. (3) $\log 2$.

演習問題 (p.139)
1. (1) $\dfrac{2}{3} \left((x+1)^{\frac{3}{2}} - x^{\frac{3}{2}} \right) + C$. (2) $\log(e^x + e^{-x}) + C$. (3) $\log |\log x| + C$.

(4) $\dfrac{x^2}{2} (\log x)^2 - \dfrac{x^2}{2} \log x + \dfrac{x^2}{4} + C$. (5) $x \sin^{-1} x + \sqrt{1 - x^2} + C$.

(6) $x \tan^{-1} x - \dfrac{1}{2} \log(1 + x^2) + C$. (7) $\dfrac{1}{2}(x^2 + 1) \tan^{-1} x - \dfrac{1}{2} x + C$.

(8) $-\dfrac{1}{2} \dfrac{1}{x-1} - \dfrac{1}{2} \log |x-1| + \dfrac{1}{4} \log(x^2 + 1) + C$. (9) $\tan \dfrac{x}{2} + C$.

(10) $\dfrac{1}{3} \log \left| \dfrac{\tan \frac{x}{2} + 3}{\tan \frac{x}{2} - 3} \right| + C$.

2. (2) $K_2 = \dfrac{x}{2a^2(x^2 + a^2)} + \dfrac{1}{2a^3} \tan^{-1} \dfrac{x}{a} + C$.

(3) $K_3 = \dfrac{x}{4a^2(x^2 + a^2)^2} + \dfrac{3x}{8a^4(x^2 + a^2)} + \dfrac{3}{8a^5} \tan^{-1} \dfrac{x}{a} + C$.

3. (1) $y = Ce^{\frac{1}{x}}$. (2) $y = Ce^{x(\log x - 1)}$. (3) $\tan y = \sec x + C$.
(4) $3x^3 + y + Cx^3 y = 0$. (5) $x^2 - 2xy - y^2 = C$. (6) $y = Ce^{-\frac{y}{x}}$.
(7) $y = -\dfrac{3}{2} e^{-x} + Ce^{3x}$. (8) $y = 2(\sin x - 1) + Ce^{-\sin x}$.

4. (1) $y = \dfrac{1}{Ce^x + x^2 + 2x + 2}$. (2) $y^2 = \dfrac{1}{2x + Cx^2}$

5. (1) $y = e^{2x}(A\cos\sqrt{3}x + B\sin\sqrt{3}x)$. (2) $y = C_1 e^x + C_2 e^{2x}$.
(3) $y = C_1 e^{-x} + C_2 x e^{-x}$.

6. (1) $\log 2$. (2) $\dfrac{1}{2}$. (3) 発散. (4) $\dfrac{b-a}{2}\pi$. (5) $\dfrac{a}{a^2+b^2}$.

Chapter 7

問 7.1 (p.153)

(1) $\displaystyle\int_0^a dx \int_{\alpha x}^{\beta x} f(x,y)\,dy = \int_0^{a\alpha} dy \int_{\frac{y}{\beta}}^{\frac{y}{\alpha}} f(x,y)\,dx + \int_{a\alpha}^{a\beta} dy \int_{\frac{y}{\beta}}^{a} f(x,y)\,dx.$

(2) $\displaystyle\int_0^a dx \int_{x^2-ax}^{0} f(x,y)\,dy = \int_{-\frac{a^2}{4}}^{a} dy \int_{\frac{a-\sqrt{a^2+4y}}{2}}^{\frac{a+\sqrt{a^2+4y}}{2}} f(x,y)\,dx.$

(3) $\displaystyle\int_{-a}^{a} dx \int_{0}^{\sqrt{a^2-x^2}} f(x,y)\,dy = \int_0^a dy \int_{-\sqrt{a^2-y^2}}^{\sqrt{a^2-y^2}} f(x,y)\,dx.$

(4) $\displaystyle\int_0^a dy \int_{-\sqrt{y}}^{\sqrt{y}} f(x,y)\,dx = \int_{-\sqrt{a}}^{\sqrt{a}} dx \int_{x^2}^{a} f(x,y)\,dy.$

問 7.2 (p.153) (1) $\dfrac{1}{6}$. (2) $\dfrac{8}{15}$. (3) 0. (4) $\dfrac{2}{\pi}$.

問 7.3 (p.153) (1) $(e-1)^3$. (2) $\dfrac{1}{720}$.

問 7.4 (p.162) (1) $\dfrac{\pi a^4}{2}$. (2) π. (3) $\dfrac{4\pi a^5}{5}$. (4) π.

問 7.5 (p.166) (1) $\dfrac{\pi a^4}{4}$. (2) $\dfrac{16a^3}{3}$.

問 7.6 (p.171) 回転面の方程式は $x = f(t)\cos\theta,\ y = f(t)\sin\theta,\ z = g(t)$ $(a \leq t \leq b,\ 0 \leq \theta \leq 2\pi)$ で与えられる．したがって，$\vec{r}_t = (f'(t)\cos\theta, f'(t)\sin\theta, g'(t)), \vec{r}_\theta = (-f(t)\sin\theta, f(t)\cos\theta, 0)$ であり，

$$S = \int_0^{2\pi} d\theta \int_a^b |\vec{r}_t \times \vec{r}_\theta|\,dt = 2\pi \int_a^b |f|\sqrt{(f')^2 + (g')^2}\,dt.$$

問 7.7 (p.171) 曲面の方程式は $x = r\cos\theta,\ y = r\sin\theta,\ z = \dfrac{r^2}{2}\sin 2\theta$ $(0 \leq r \leq a,\ 0 \leq \theta \leq 2\pi)$ とおける．したがって，求める面積 S は

$$S = \int_0^a dr \int_0^{2\pi} |\vec{r}_r \times \vec{r}_\theta|\,d\theta = 2\pi \dfrac{(1+a^2)^{\frac{3}{2}} - 1}{3}.$$

問 7.8 (p.173) $z = \log x + e^{xy}$ とおくと $dz = \omega$.

問 7.9 (p.176) $-\dfrac{\pi}{4} - \dfrac{2}{\pi}$.

問 7.10 (p.177) $\left(\dfrac{1}{x} - xe^{xy}\right) dx \wedge dy$.

演習問題 (p.177)

1. (1) $\int_{-a}^{0} dx \int_{-x-a}^{x+a} f(x,y)\,dy + \int_{0}^{a} dx \int_{x-a}^{-x+a} f(x,y)\,dy$
$= \int_{-a}^{0} dy \int_{-y-a}^{y+a} f(x,y)\,dx + \int_{0}^{a} dy \int_{y-a}^{-y+a} f(x,y)\,dx.$

(2) $\int_{0}^{1} dx \int_{-(x-1)^2}^{(x-1)^2} f(x,y)\,dy$
$= \int_{-1}^{0} dy \int_{0}^{1-\sqrt{-y}} f(x,y)\,dx + \int_{0}^{1} dy \int_{0}^{1-\sqrt{y}} f(x,y)\,dx.$

2. (1) $\pi\{f(a^2)-f(0)\}$. (2) $\dfrac{3}{2}$. (3) $\dfrac{\pi}{48}a^8$.

3. 変数変換 $x=au, y=bv$ を行えばよい.

4. (1) $4a^2$.
(2) 対称性より, $0 \leqq x, y$ の部分を 4 倍すればよい.
$$\pi\left\{a\sqrt{a^2+1} + \log\left(a+\sqrt{a^2+1}\right)\right\}.$$
(3) $8a^2$.

5. (1) 2π. (2) $\dfrac{\pi}{8}\left(\dfrac{1}{a^2}+\dfrac{1}{b^2}\right)$. (3) $\dfrac{4\pi}{3}abc$. (4) $\dfrac{16}{3}a^3$.
(5) $\dfrac{2}{9}(3\pi-4)a^3$.

Chapter 8

問 8.2 (p.181)

$a_{n+1}-a_n = \dfrac{1}{n+1}-(\log(n+1)-\log n) = \dfrac{1}{n+1}-\int_{n}^{n+1}\dfrac{1}{x}dx < 0.$

問 8.3 (p.185) (1) 収束. (2) 収束. (3) 発散.

問 8.4 (p.202) (1) 1. (2) $\dfrac{1}{e}$.

演習問題 (p.206)

1. (1) 発散. (2) 収束. (3) 収束. (4) 発散. (5) 収束. (6) 条件収束.

2. (1) 1. (2) $\dfrac{1}{3}$. (3) 1. (4) $\dfrac{4}{27}$.

3. $1-a_n < \dfrac{1}{1+a_n}$ による. $\sum \log(1-a_n)$.

索　　引

◆ あ行 ◆

α 次の同次関数 ……… 47
1 対 1 …………………… 11
一様収束 ……………… 195
一様連続 ………………… 17
上に有界である ………… 2
上への写像 …………… 11
n 階偏導関数 ………… 42
オイラー定数 ………… 181

◆ か行 ◆

下界 …………………… 2
下限 …………………… 3
関数 …………………… 11
逆関数 ………………… 12
逆正弦関数 …………… 24
極小 …………………… 58
極小値 ………………… 58
極大 …………………… 59
極大値 ………………… 59
極値 ……………… 59, 80
原始関数 ……………… 78
減少数列 ……………… 7
高階偏導関数 ………… 42
コーシーの定理 …… 9, 79

◆ さ行 ◆

3 階偏導関数 ………… 42
自然対数 ……………… 33

下に有界 ……………… 2
写像 …………………… 11
収束半径 …………… 199
上界 …………………… 2
上極限 ……………… 200
上限 …………………… 3
条件収束 …………… 187
条件付きの停留値 …… 64
積分可能 …………… 120
積分順序の変更 …… 151
絶対収束 …………… 187
全射 …………………… 11
線積分 ……………… 173
全単射 ………………… 11
全微分 ………………… 55
像 ……………………… 11
増加数列 ……………… 7

◆ た行 ◆

対数微分法 …………… 34
ダルブーの定理 …… 119
単射 …………………… 11
値域 …………………… 11
置換積分法 ………… 102
定義域 ………………… 11
テイラーの定理 … 57, 83
停留値 ………………… 65
停留的にする値 …… 65
独立解 ……………… 116

◆ な行 ◆

2 階の線形同次微分方程
　　　式 …………… 114
2 階偏導関数 ………… 42

◆ は行 ◆

媒介変数 ……………… 67
微分 …………………… 73
不定積分 ……………… 79
部分積分法 ………… 101
ベルヌーイの微分方程式
　　140
偏導関数 ……………… 41
偏微分可能 …………… 41
偏微分する …………… 41
包絡線 ………………… 67

◆ ま行 ◆

マクローリン ………… 88
無限級数 …………… 179

◆ や行 ◆

ヤコビアン …………… 48
ヤコビ行列 …………… 48
ヤコビの行列式 ……… 48
有界 …………………… 2
4 階偏導関数 ………… 42

◆ ら行 ◆

ロルの定理 …………… 76

執筆者紹介

松山 善男（まつやま よしお）

1947年 東京都出身，東京都立大学卒業，同大学院理学研究科博士課程単位取得退学．
1980年 理学博士（東京都立大学論文博士）．
1983年 カリフォルニア大学バークレイ校客員研究員．
2000年 ハワイ大学客員研究員．
現在，中央大学理工学部教授，専攻微分幾何学．
日本数学会会員，アメリカ数学会（AMS）会員，日本数学教育学会会員
JOURNAL OF THE MATHEMATICAL SOCIETY OF JAPAN, PROCEEDING OF THE AMERICAN MATHEMATICAL SOCIETY, RESULTS IN MATHEMATICS などへの学術論文多数，『解析学入門』（学術図書出版社）などの著書がある．

微分積分学（びぶんせきぶんがく）

2010年 3月20日　第1版　第1刷　発行
2010年11月20日　第1版　第2刷　発行

著　者　松山　善男（まつやま よしお）
発行者　発田寿々子
発行所　株式会社　学術図書出版社

〒113-0033　東京都文京区本郷5丁目4の6
TEL 03-3811-0889　振替 00110-4-28454
印刷　サンエイプレス（有）

定価はカバーに表示してあります．

本書の一部または全部を無断で複写（コピー）・複製・転載することは，著作権法でみとめられた場合を除き，著作者および出版社の権利の侵害となります．あらかじめ，小社に許諾を求めて下さい．

© Y. MATSUYAMA　2010　Printed in Japan
ISBN978-4-7806-0163-3　C3041